天津自然博物馆（北疆博物院）
创建**110**周年
（1914—2024）

北疆博物院
人文藏品集萃

天津自然博物馆 编　　张彩欣 主编

科学出版社

北京

内 容 简 介

北疆博物院是天津自然博物馆前身，由法国博物学家、动物学家、古生物学家、地质学家、天主教神甫桑志华（Emile Licent）1914 年创建。北疆博物院除收藏有 20 余万件包括古生物、古人类、岩石矿物、动物和植物在内的自然标本外，还收藏了诸如图书、地图、照片、版画、年画、拓片及各类器物等丰富的人文藏品，这些人文藏品是中国北方历史人文的重要史料，也是 20 世纪初中外文明交流交融的历史见证。本书是天津自然博物馆集中力量整理、研究并首次系统公布的北疆博物院人文藏品图录，旨在向公众介绍北疆博物院收藏的人文藏品，充分挖掘馆藏文物的历史价值、艺术价值和研究价值。

本书适合对近代史、民俗学感兴趣的专家学者和社会人士参考、阅读。

审图号：GS（2024）0901号

图书在版编目（CIP）数据

北疆博物院人文藏品集萃 / 天津自然博物馆编; 张彩欣主编. — 北京：科学出版社，2024.6
　ISBN 978-7-03-077409-5

　Ⅰ.①北… 　Ⅱ.①天… ②张… 　Ⅲ.①博物馆－历史文物－天津－图录
Ⅳ.①K872.212

中国国家版本馆CIP数据核字（2024）第008860号

责任编辑：张亚娜　郑佐一 / 责任校对：张亚丹
责任印制：张　伟 / 书籍设计：北京美光设计制版有限公司

科 学 出 版 社 出版
北京东黄城根北街16号
邮政编码：100717
http://www.sciencep.com
北京汇瑞嘉合文化发展有限公司 印刷
科学出版社发行　各地新华书店经销
*
2024年6月第　一　版　开本：889×1194　1/16
2024年6月第一次印刷　印张：15 1/4
字数：400 000

定价：258.00元
（如有印装质量问题，我社负责调换）

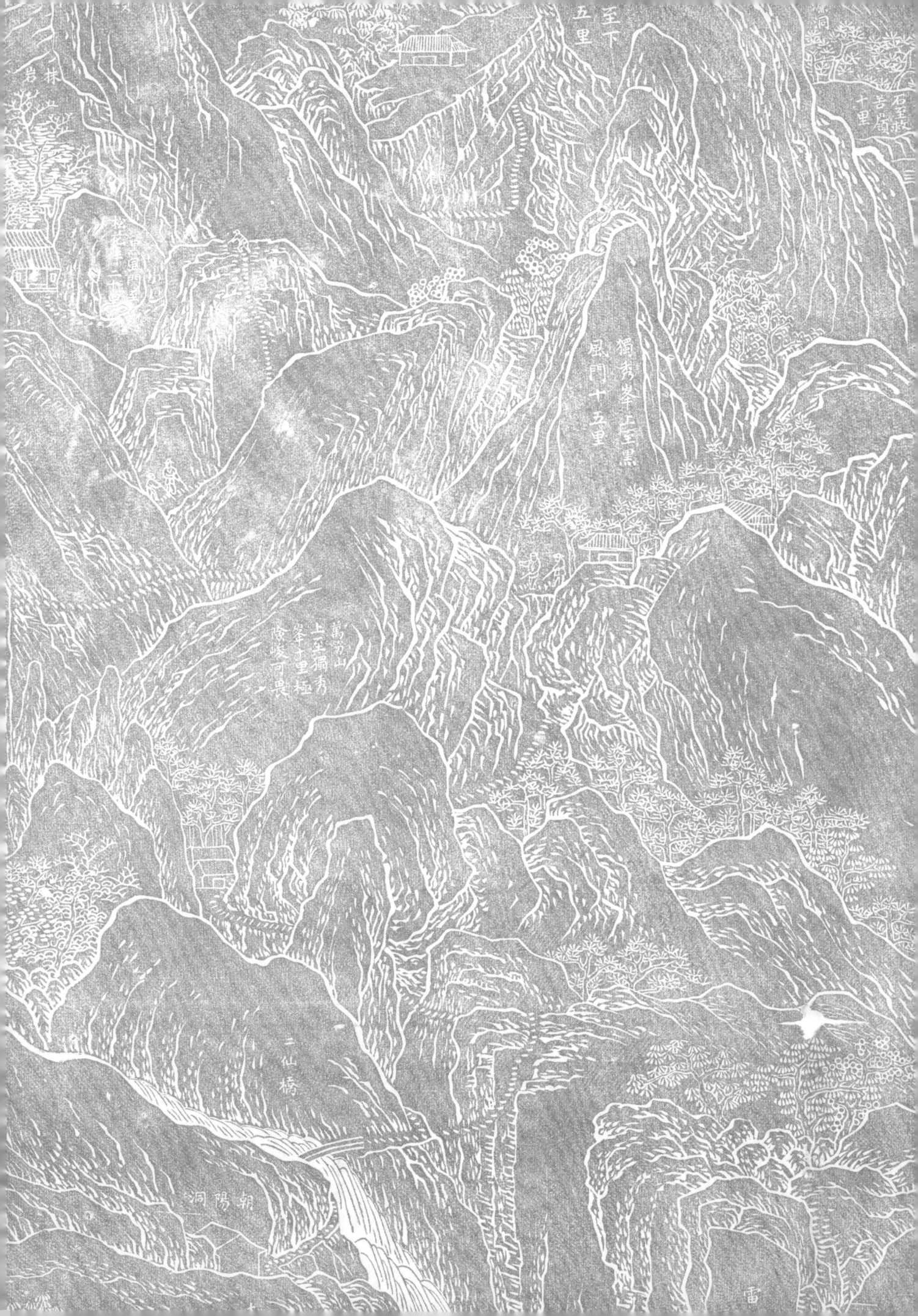

至下
五里

同
至
苦
十箐
里

獨秀峯上寶黑
風門十五里

萬岑山
上至獨秀
峯二里極
嵾凌可畏

二仙
橋

朝陽洞

雷

前 言

　　北疆博物院（Musée Hoangho-Paiho），是天津自然博物馆前身，由法国博物学家、动物学家、古生物学家、地质学家、天主教神甫桑志华（Paul Emile Licent）1914年来华创建。作为中国最早的自然历史博物馆之一，北疆博物院在20世纪30年代享誉世界，在中国乃至世界自然历史博物馆发展史上都具有特殊地位和重要影响。桑志华对中国北方历史民俗文化有着浓厚兴趣，在25年科学考察期间，桑志华不仅搜集了大量自然类标本，还通过各种渠道收集了许多门类的人文藏品，如：陶器、瓷器、铜器、玉器、武器、乐器、服饰、商业招牌、版画、年画、中西人文图书等。这些人文藏品数量大、品类多，不仅是北疆博物院非常重要的收藏门类，是研究中国北方地区民族和民俗风情的重要史料，还是中西文明交流互鉴的重要历史见证物。

　　由于历史原因，北疆博物院大量人文藏品只有部分藏品保存在天津自然博物馆，还有部分藏品保存在他处或散轶。

　　2024年是天津自然博物馆（北疆博物院）创建110周年，我馆首次对馆藏的北疆博物院人文藏品进行系统挖掘和梳理，同时考证了其他保存地的部分藏品，并将有代表性的藏品整理出版，填补了北疆博物院资料研究利用的一大空白。由于水平有限，本书编著过程中难免有不足之处，敬请广大读者批评指正。

张彩欣

天津自然博物馆馆长

2024年5月

目 录

图书

　　北疆博物院历经百年，所藏中外文图书14000余册。这些图书题材涉猎广泛，保存基本完整，是北疆博物院留给我们的一笔宝贵史料，也是中西文明交流互鉴的重要物证。本书所选取的图书包括近代历史与贸易、民俗民风与游记、中国古代书画与音律、汉学研究等，其中还包括一些西方学者研究中国的作品，反映了当时"外国人眼中的中国"。

　　北疆博物院是一个地志性博物馆，所藏图书均为与本地区及邻近地区的研究紧密相关。当然，为了探索研究更远的地理区域，图书室也能随时提供相应的文献资料。对于北疆博物院的合作者，无论从事动物学、植物学，还是地质学的科学研究人员，本图书室可以为其提供符合需要的书目提要，可以按书目的编号去购买期刊，必要时还能提供影印本。北疆博物院所藏图书文献时值估价为10万块大洋。

——桑志华《北疆博物院院刊》第39期

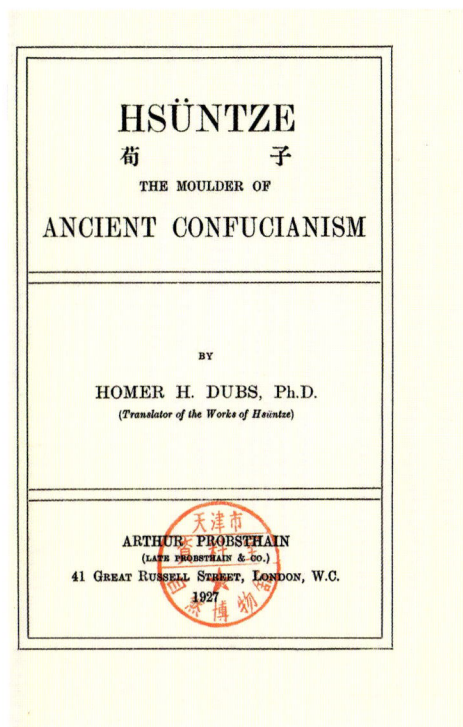

HSÜNTZE

荀子

作　　者：Homer H. Dubs, Ph. D
出版时间：1927 年
出 版 地：英国伦敦
页　　数：308 页
语　　种：英文

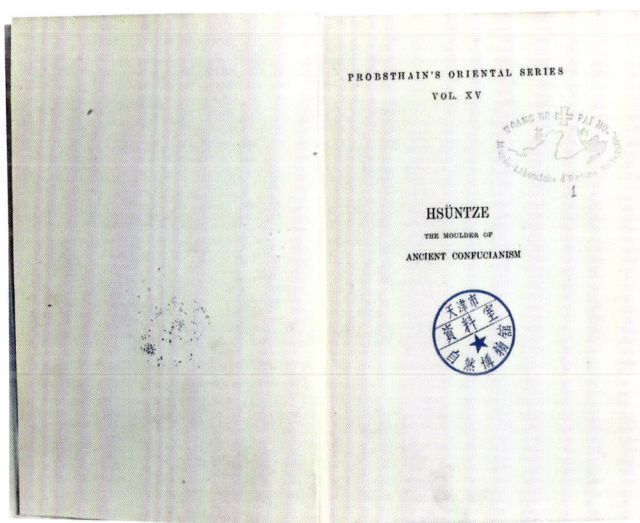

A PEI WEI BUDDHIST CAVE TEMPLE AT HSIA-HUA-YÜAN

北魏时期下花园（张家口市）佛教洞穴寺庙

出版时间：1940 年

页　　数：18 页

语　　种：英文

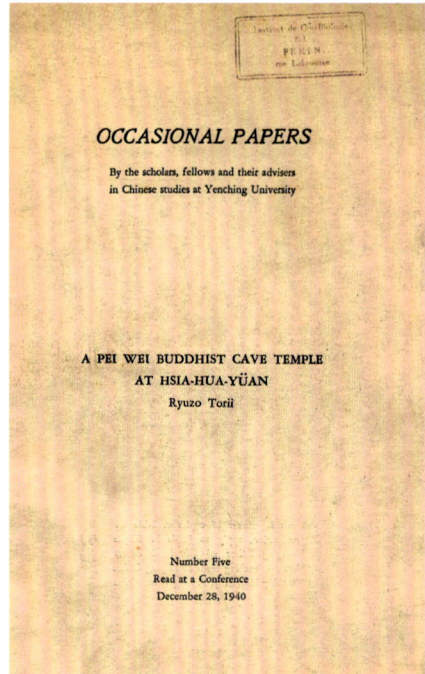

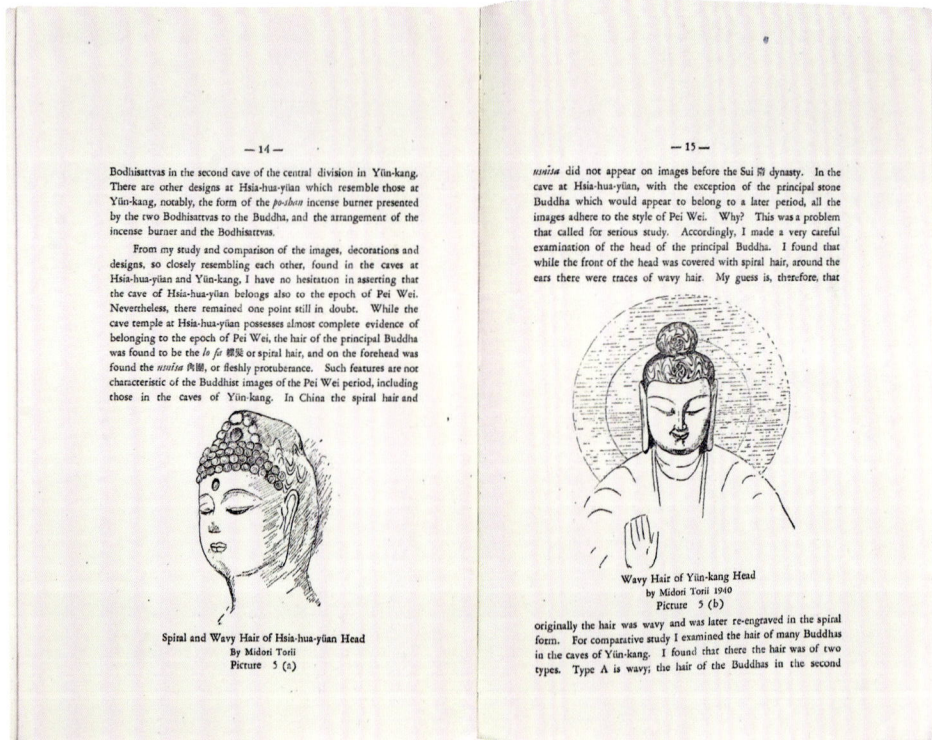

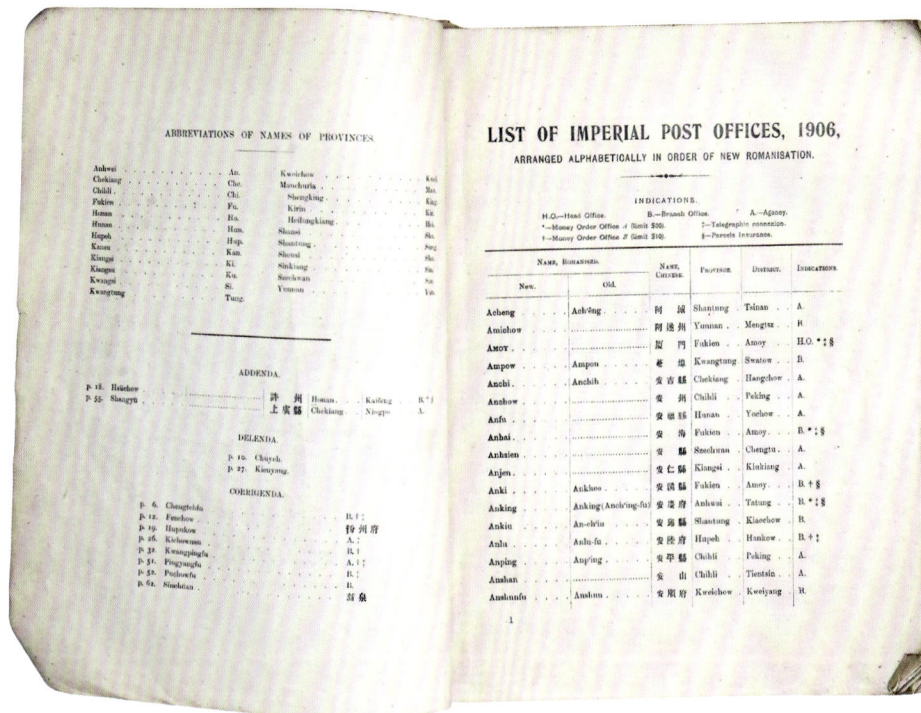

LIST OF IMPERIAL POST OFFICES 1906

大清邮政局名1906

出版时间：1907 年
出 版 地：上海
页　　　数：86 页
语　　　种：中文、英文

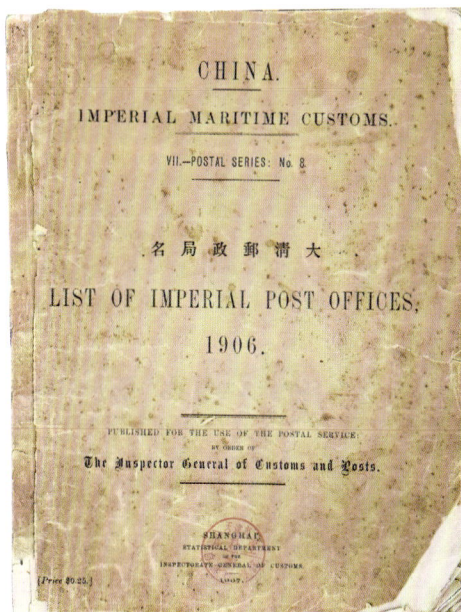

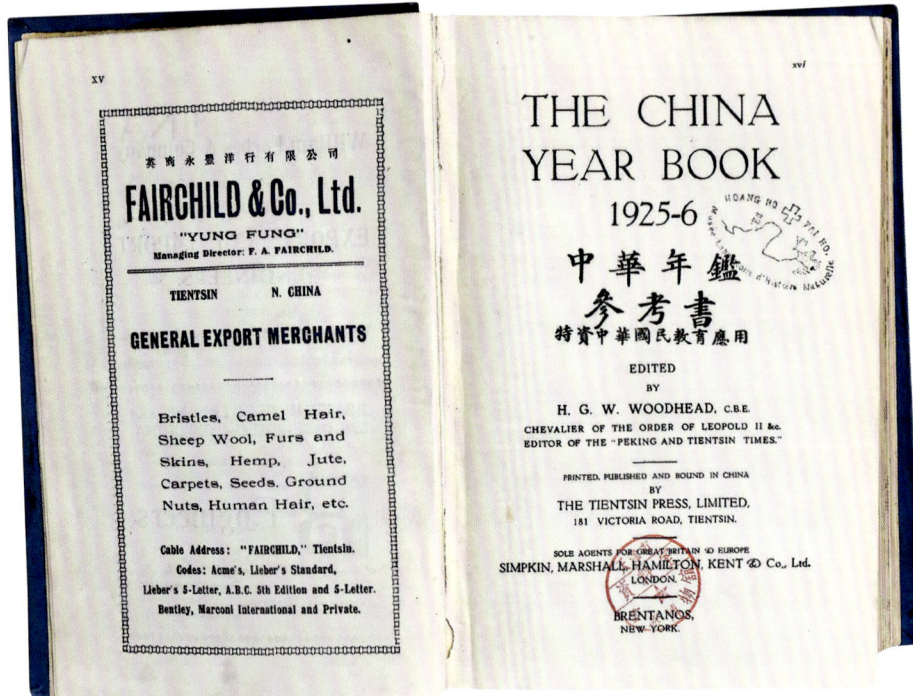

THE CHINA YEAR BOOK 1925-6
中华年鉴 1925—1926

作　　者：H. G. W. Woodhead, C. B. E.

页　　数：1349 页

语　　种：英文

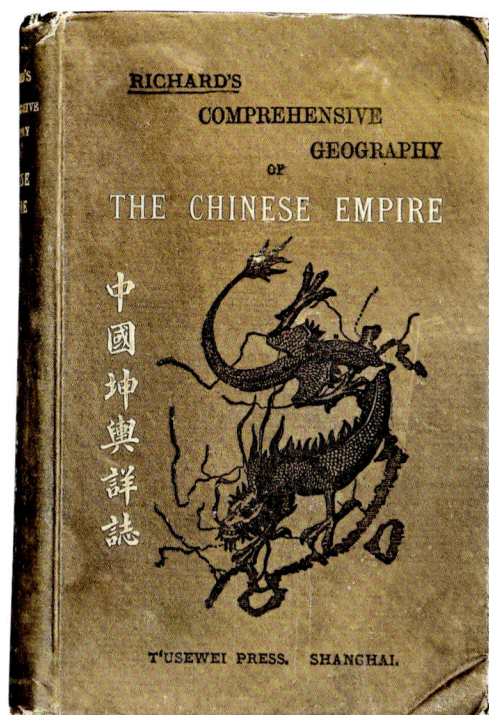

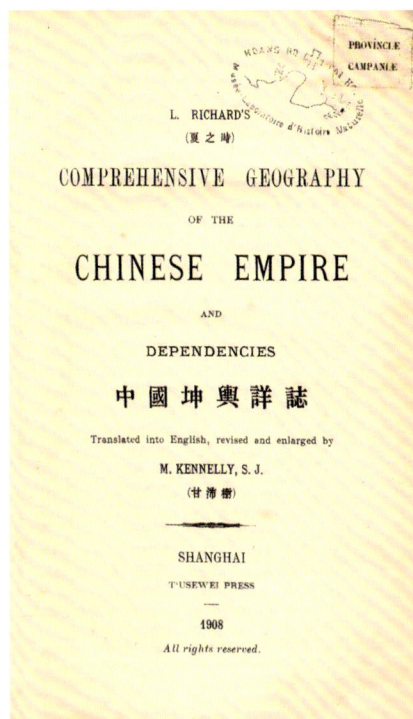

RICHARD'S COMPREHENSIVE GEOGRAPHY OF THE CHINESE EMPIRE

中国坤舆详志

作　　者：M. Kennelly, S. J.

出版时间：1908 年

出 版 社：T'usewei Press

出 版 地：上海

页　　数：713 页

语　　种：英文

北疆博物院人文藏品集萃

CHINA: THE LAND AND THE PEOPLE

中国：土地和人民

作　　者：L. H. Dudley Buxton, W. G. Kendrew
出版时间：1929 年
出 版 社：The Clarendon Press
出 版 地：英国牛津
页　　数：332 页
语　　种：英文

CHINA
THE LAND AND
THE PEOPLE

A Human Geography by
L. H. DUDLEY BUXTON

WITH A CHAPTER ON
THE CLIMATE BY
W. G. KENDREW

OXFORD
AT THE CLARENDON PRESS
1929

STONE MILL

RICE-POUNDER

PLATE IV

插图上：石磨
插图下：碾米机

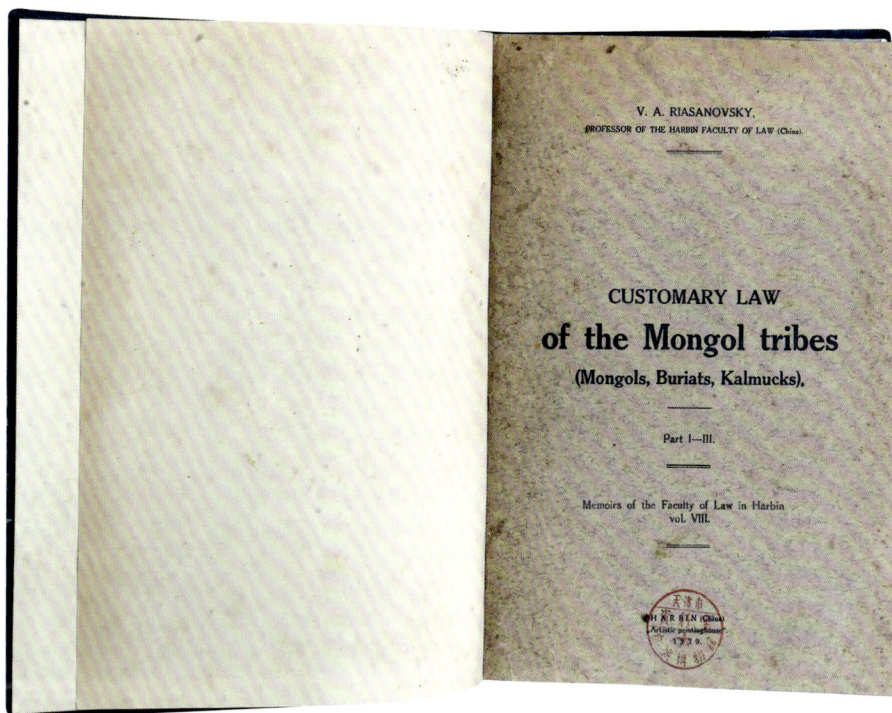

CUSTOMARY LAW OF THE MONGOL TRIBES (MONGOLS, BURIATS, KALMUCKS) Part I-III

蒙古部族的习惯法（蒙古人、布里亚特人、卡尔梅克人）第一至三部分

作　　者：V. A. Riasanovsky

出版时间：1929 年

出 版 社：Artistic Printing House

出 版 地：哈尔滨

页　　数：306 页

语　　种：英文

MONVMENTA SERICA. VOL. I , FASC.1

华裔学志　　第一卷　　第一分册

作　　者：F. X. Biallas, s. v. d.

出版时间：1935 年

出 版 社：Henrici Vetch

出 版 地：北平

页　　数：268 页

语　　种：英文

GLEANINGS FROM FIFTY YEARS IN CHINA

中国五十年见闻录

作　　者：Archibald Little

出 版 地：英国伦敦

页　　数：336 页

语　　种：英文

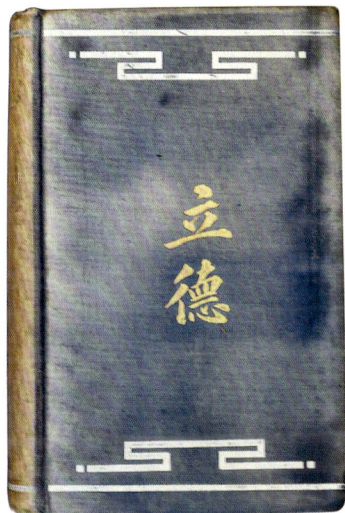

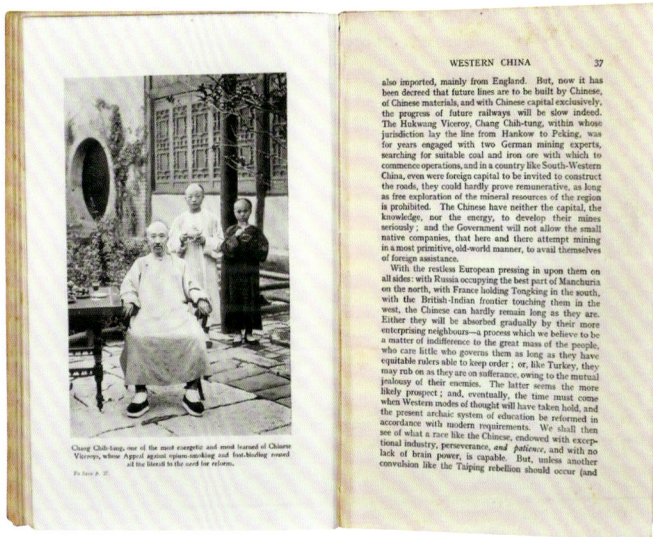

Temple at Poo-Too, with bridge and lotus pond.　By Mr. Mencarini.

To face p. 179.

AN AUTHENTIC ACCOUNT OF AN EMBASS FROM THE KING OF GREAT BRITISH TO THE EMPEROR OF CHINA VOL I

英国驻中国大使馆的真实记述　第一卷

作　　者：George Staunton

出 版 地：爱尔兰都柏林

页　　数：449 页

语　　种：英文

TRAVELS IN CHINA 1894-1940
在华旅程 1894—1940

作　　者：Emil S. Fischer

出版时间：1941 年

出　版　社：Tientsin Press, LTD.

出　版　地：天津

页　　数：343 页

语　　种：英文

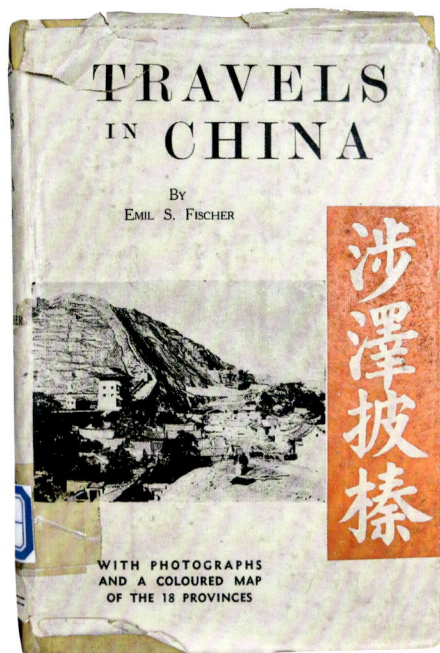

插图：四川自流井周边景色，中国西部最古老最大的盆地

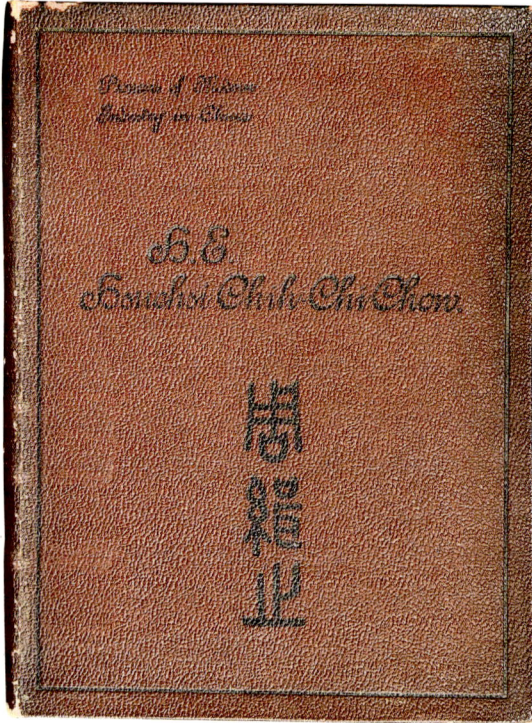

插图：周学熙

H. E. HSUEHSI CHIH-CHI CHOW

周学熙

出版时间： 1924 年

出 版 社： La Librairie Francaise

出 版 地： 天津

页　　数： 54 页

语　　种： 英文

插图：满族贵族和他的新娘

EVERYDAY CUSTOMS IN CHINA
中国的日常习俗

作　　者：J. G. Cormack, F. R. S. G. S.
出版时间：1935 年
出 版 社：The Moray Press
出 版 地：英国爱丁堡和伦敦
页　　数：264 页
语　　种：英文

插图：有趣的小女孩

SPECIAL SUMMER NUMBER

THE
CHINA JOURNAL
OF SCIENCE & ARTS
EDITED BY
ARTHUR DE C. SOWERBY (SCIENCE)
JOHN C. FERGUSON, PH.D. (LITERATURE & ARTS)

CONTENTS

Vol. II.   JULY, 1924.   No. 4.

Forestry in China.
The Precious Mirror of the Four Elements.
Chin Ku Ch'i Kuan : The Persecution of Shen Lien.
Art Exhibition.
Recent Explorations in China and Neighbouring Regions.
Biological Survey by Provinces.
A Zoological Collecting Trip to the Coast of Chekiang.
A New Cat from West China.
What is Shamanism ?
Biolog' al, Shooting, Fishing and Scientific Notes.

A. DE C. SOWERBY.

PRICE $2.50 MEX.

CHINA JOURNAL
SCIENCE & ARTS

中國科學

JANUARY 1925   No. 1

CHINA JOURNAL
OF SCIENCE & ARTS

美術襍誌   中國科學

PRICE $1.00 MEX.
NOVEMBER 1926   No. 5

中國襍誌

THE CHINA JOURNAL
VOLUME XXIII, NO. 3, SEPTEMBER, 1935

$1.30

FOR TO LET

MENLO PARK, CALIFORNIA
"THE CHINA JOURNAL"

THE
CHINA JO
VOLUME XX
MAY, 1

$2.5

CHINA'S OVERSEAS

CHINESE MUSIC

中国音乐

作　　者：J. A. Van Aalst

出版时间：1884 年

出 版 社：Kelly Walsh, Limited

出 版 地：上海

页　　数：84 页

语　　种：英文

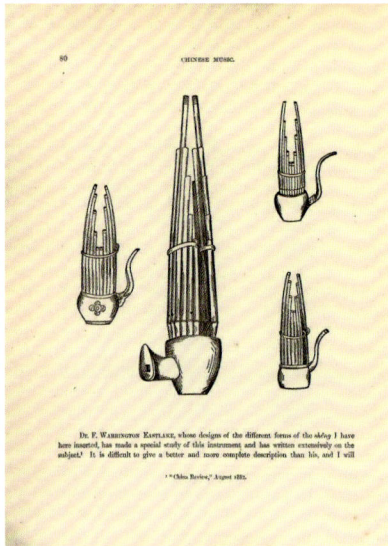

CHINA AT WORK

手艺中国

作　　者：Rudolf P. Hommel

出版时间：1937 年

出 版 社：The John Day Company

出 版 地：美国纽约

页　　数：366 页

语　　种：英文

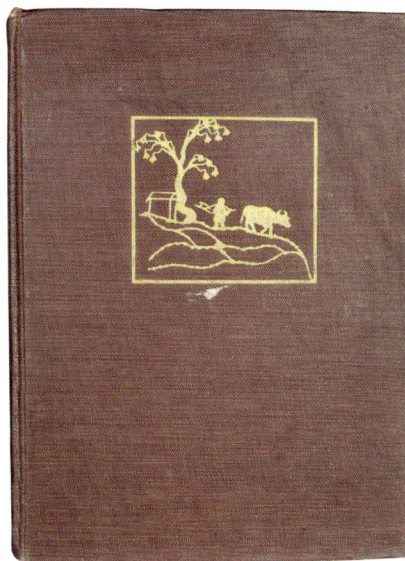

bottom and placed into the sun to dry. The dimensions of such a cake are 2 inches high, 2¼ inches in diameter at one end, and 2 inches at the other. The photograph was taken at Shanghai in the Native City.

Chang-shu, Kiangsi, is a center for making charcoal cooking stoves, similar to the one shown in Fig. 200. A suitable kind of clay is found there in large quantities which fact gave rise to the industry.

On the right-hand side of Fig. 203 can be seen a pit which is used for storing clay. Lumps of it are taken out to be used directly in a mold for shaping the body of the stove. Fig. 203 shows a number of such molds, those on the extreme left standing individually on the ground contain each a shell of a stove, left standing there to dry in the air. To form a shell the mold made of baked clay is put on the wheel, Fig. 204, and is sprinkled on the inside lightly with ashes from rice chaff and a lump of clay is thrown into it. The potter holds the mold with the left hand and shapes the clay with the right hand; the wheel is not turned all the way around, but only about a quarter of a revolution at a time. Cracked

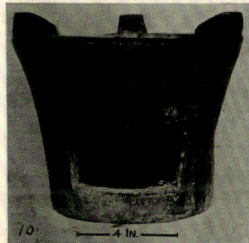

FIG. 200. CHARCOAL COOKING STOVE.

drilled hole, and thus a pivot is formed, upon which the two arms of the charcoal tongs turn.

Besides the ordinary charcoal, pressed cakes of powdered charcoal are used which burn much slower. These are used where moderate heat for a long time is desired as for instance under tea-kettles. To make these cakes the charcoal is sprinkled with the glutinous water, in which rice has been boiled, and reduced to powder in a stone mortar, similar to the one used for polishing rice. The method of crushing the charcoal is similar to that described on page 101. A board balanced on a support like a see-saw has a stone pestle fastened under one of its ends. A man stands on the board straddling the center of balance and by shifting his weight, pounds the pestle upon the charcoal in the mortar. A long wooden stick, which he holds in his hand, serves to turn the mass in the mortar once in a while to get it evenly reduced to powder. The powdered mass, still moist, is then filled into an iron mold, round and tapering, open on top and bottom, for which a piece of iron, having the same diameter as the large opening in the mold, serves as a pestle. The finished charcoal cake is then pushed out of the mold from the

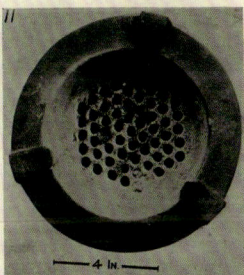

FIG. 201. CHARCOAL COOKING STOVE (TOP VIEW).

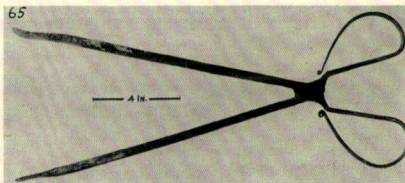

FIG. 202. CHARCOAL TONGS.

molds are reinforced with bamboo hoops like the one shown standing on the wheel. The plastic clay shell in the mold when finished shrinks through drying and can easily be withdrawn. The next step is to finish the shell detached from the mold. It is placed upon the wheel, the wheel set spinning and the outside of the shell made smooth with a wet rag. Its top is trimmed with the knife shown in Fig. 205. On the

inside of the shell about half way down, a ledge is left by the potter when originally forming the shell, and onto this a round perforated clay disk, the grate, is laid and fastened down with wet clay. The top rim of the shell is cut out with the same knife so as to form three projections, as shown in Fig. 208, and the draft-hole is cut in the side of the shell.

The wheel in Fig. 204 has a smooth top platform

FIG. 203. MANUFACTURE OF CHARCOAL STOVES.

BRITISH MUNICIPAL COUNCIL, TIENTSIN. REPORT OF THE COUNCIL FOR THE YEAR ENDED DECEMBER 31.1938 AND BUDGET FOR THE YEAR ENDING DECEMBER 31.1939

天津英国工部局1938年董事会报告（截至1938年12月31日止）暨1939年预算（截至1939年12月31日止）

页　　数：204 页
语　　种：中文、英文

NO. 10 WELL—HEAD WORKS AND SURGE TANK.
第十號井一井口建築暨湧泉池

NO. 10 WELL—TEMPORARY PUMPING PLANT.
第十號井一臨時抽水機件

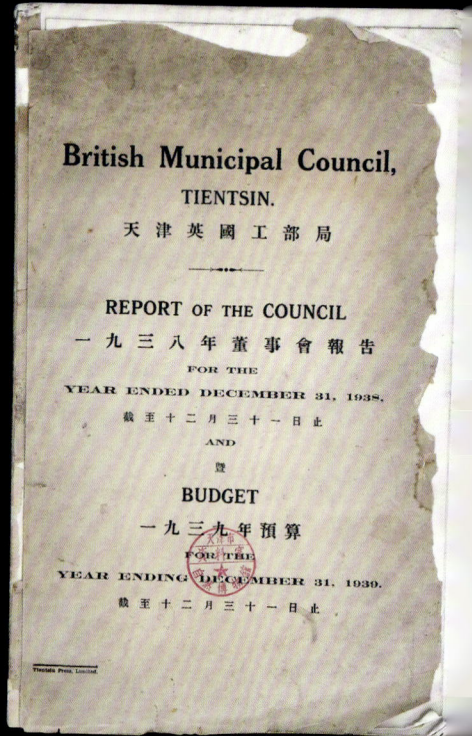

British Municipal Council,
TIENTSIN.
天津英國工部局
REPORT OF THE COUNCIL
一九三八年董事會報告
FOR THE
YEAR ENDED DECEMBER 31, 1938,
截至十二月三十一日止
AND
暨
BUDGET
一九三九年預算
FOR THE
YEAR ENDING DECEMBER 31, 1939.
截至十二月三十一日止

Tientsin Press, Limited.

REPORT ON THE WORKING OF THE CHINESE POST OFFICE FOR THE SIXTH YEAR OF CHUNG-HUA MIN-KUO (1917)

中华民国六年邮政事务总论

出版时间：1918 年

出 版 地：上海

页　　数：78 页

语　　种：中文、英文

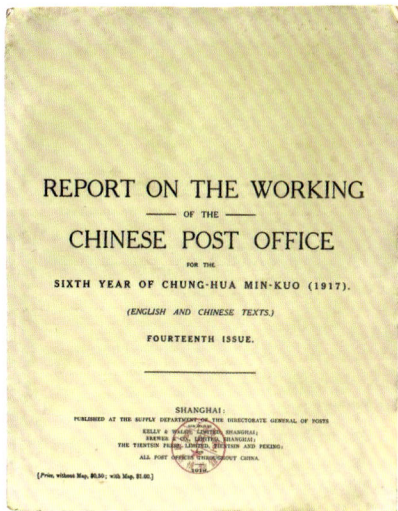

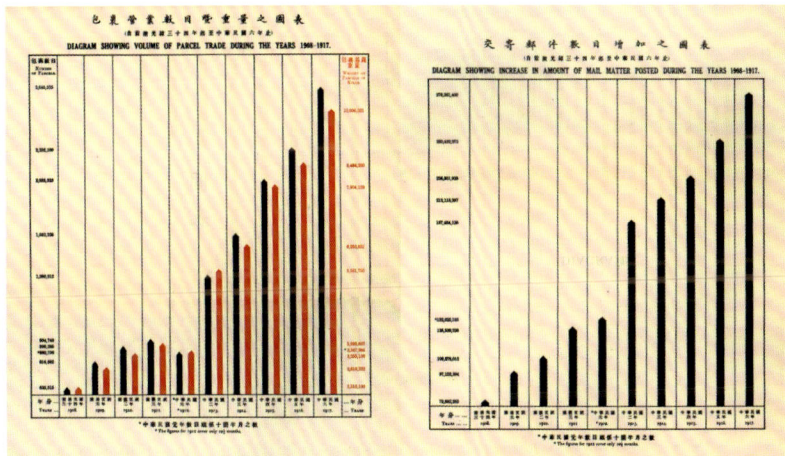

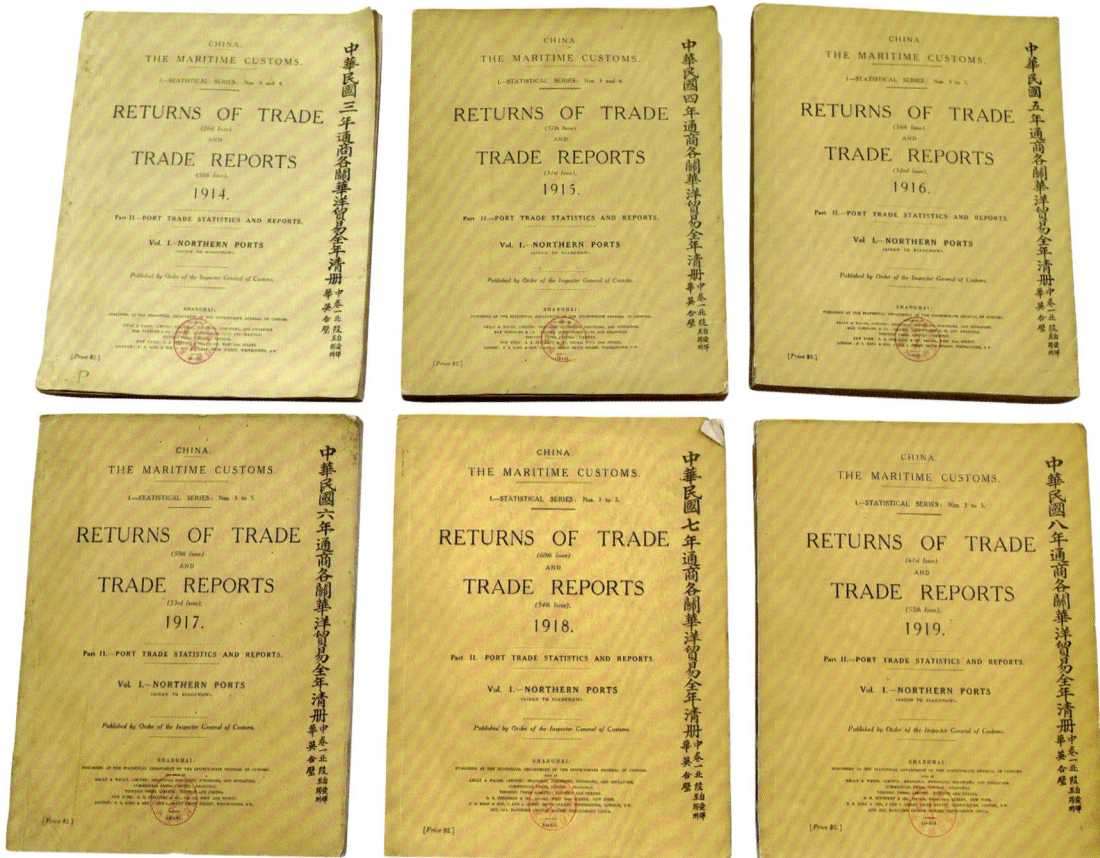

CHINA. THE MARITIME CUSTOMS. RETURNS OF TRADE AND TRADE REPORTS

中华民国三年通商各关华洋贸易全年清册

出版时间：1915—1920 年

出 版 地：上海

语　　种：中文、英文

DEUX SIÈCLES DE SINOLOGIE FRANÇAISE

十八世纪十九世纪之法国汉学

出版时间： 1943 年

出 版 地： 北平

页　　数： 74 页

语　　种： 中文、法文

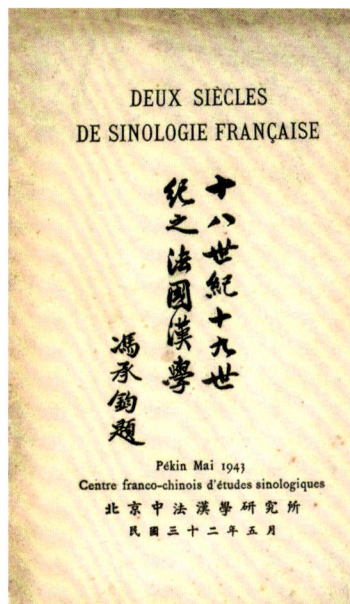

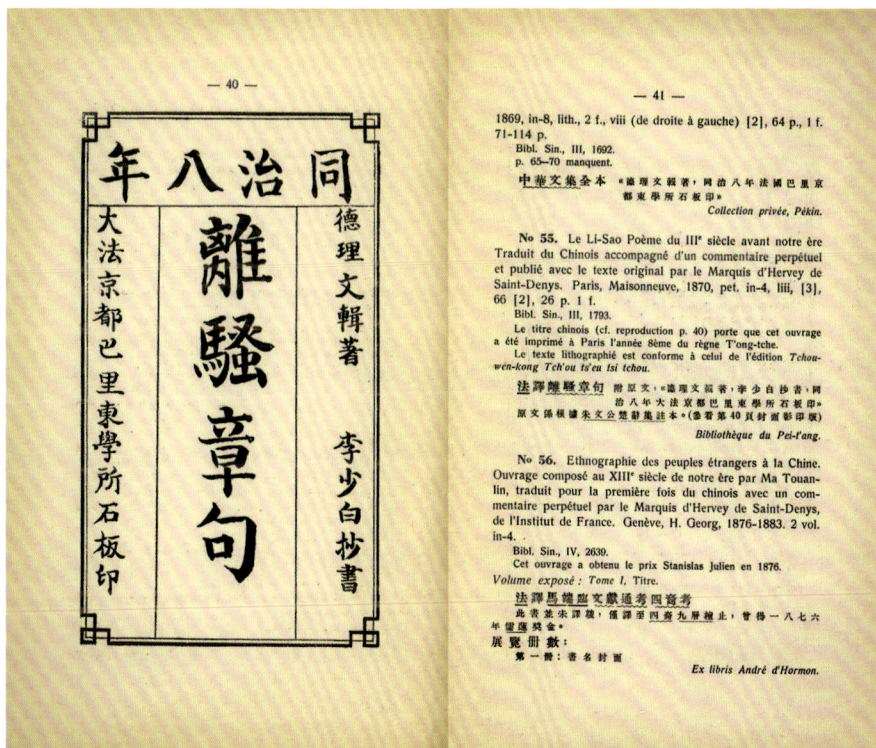

DEUX SIÈCLES DE SINOLOGIE FRANÇAISE

十八世紀十九世紀之法國漢學

馮承鈞題

Pékin Mai 1943
Centre franco-chinois d'études sinologiques
北京中法漢學研究所
民國三十二年五月

— 40 —

同治八年
離騷章句
大法京都巴里東學所石板印

德理文輯著
李少白抄書

— 41 —

1869, in-8, lith., 2 f., viii (de droite à gauche) [2], 64 p., 1 f.
71-114 p.
Bibl. Sin., III, 1692.
p. 65-70 manquent.

中華文集金本 《臨理文輯著》同治八年法國巴里京
都東學所石板印》
Collection privée, Pékin.

No 55. Le Li-Sao Poème du IIIᵉ siècle avant notre ère
Traduit du Chinois accompagné d'un commentaire perpétuel
et publié avec le texte original par le Marquis d'Hervey de
Saint-Denys. Paris, Maisonneuve, 1870, pet. in-4, liii, [3],
66 [2], 26 p. 1 f.
Bibl. Sin., III, 1793.
Le titre chinois (cf. reproduction p. 40) porte que cet ouvrage
a été imprimé à Paris l'année 8ème du règne T'ong-tche.
Le texte lithographié est conforme à celui de l'édition Tchou-
wen-kong Tch'ou ts'eu tsi tchou.

法譯離騷章句 附原文。《臨理文輯著，李少白抄書》同
治八年大法京都巴里東學所石板印》
原文係根據朱文公楚辭集註本。（參看第40頁封面影印版）
Bibliothèque du Pei-t'ang.

No 56. Ethnographie des peuples étrangers à la Chine.
Ouvrage composé au XIIIᵉ siècle de notre ère par Ma Touan-
lin, traduit pour la première fois du chinois avec un com-
mentaire perpétuel par le Marquis d'Hervey de Saint-Denys,
de l'Institut de France. Genève, H. Georg, 1876-1883. 2 vol.
in-4.
Bibl. Sin., IV, 2639.
Cet ouvrage a obtenu le prix Stanislas Julien en 1876.
Volume exposé : Tome I, Titre.

法譯馬端臨文獻通考四裔考
此書並未朱譯就，僅譯至四裔九卷即擱止，曾得一八七六
年望蓮獎金。
展覽冊數：
　　第一冊：書名封面

Ex libris André d'Hormon.

EXPOSITION D'OUVRAGES ILLUSTRÉS DE LA DYNASTIE MING
明代版画书籍展览会目录

出版时间：1944 年
出 版 地：北平
页　　数：168 页
语　　种：中文、法文

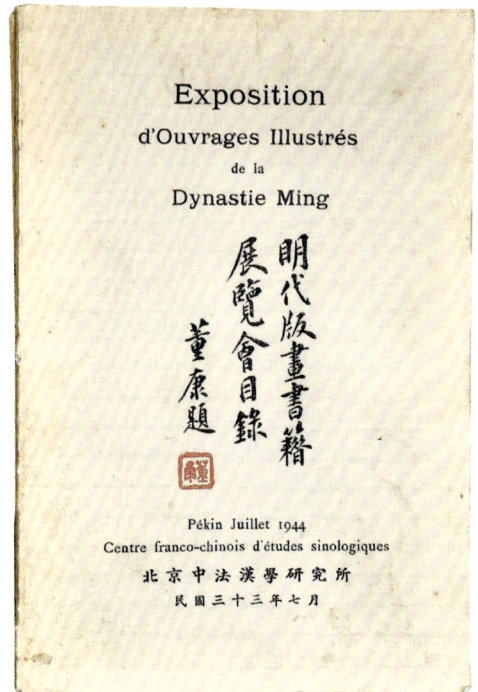

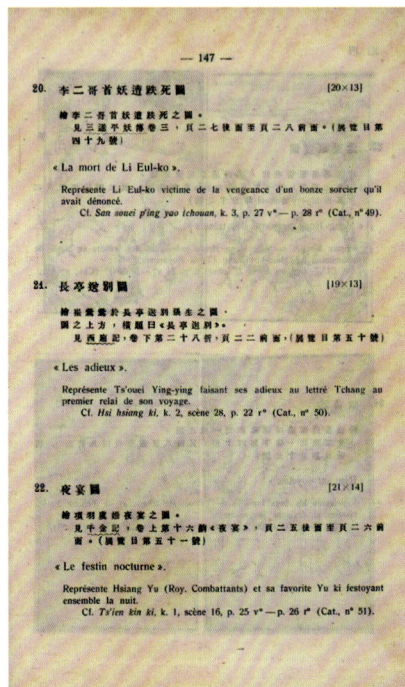

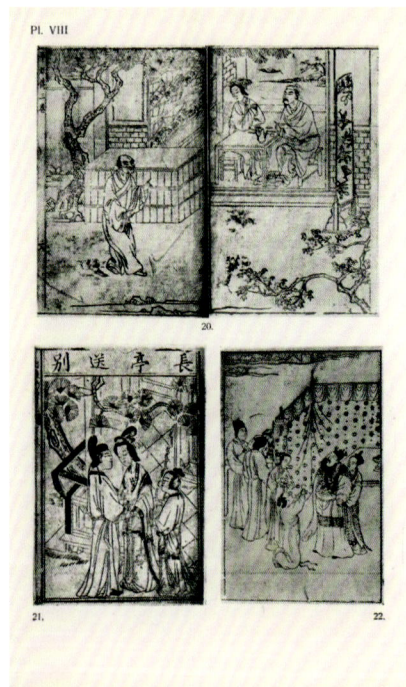

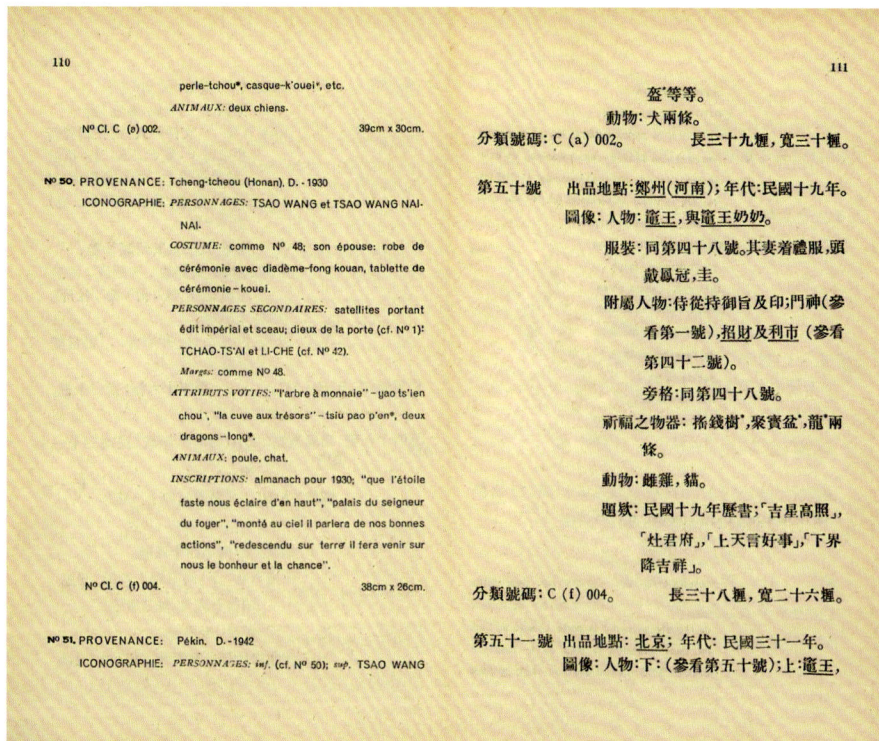

EXPOSITION D'ICONOGRAPHIE POPULAIRE IMAGES RITUELLES DU NOUVÉL AN

民间新年神像图画展览会

出版时间：1942 年

出 版 地：北平

页　　数：239 页

语　　种：中文、法文

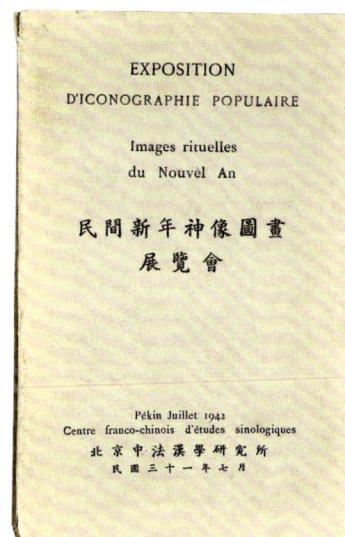

华洋义振会联名单

尺　　寸：长 34 厘米，宽 61 厘米

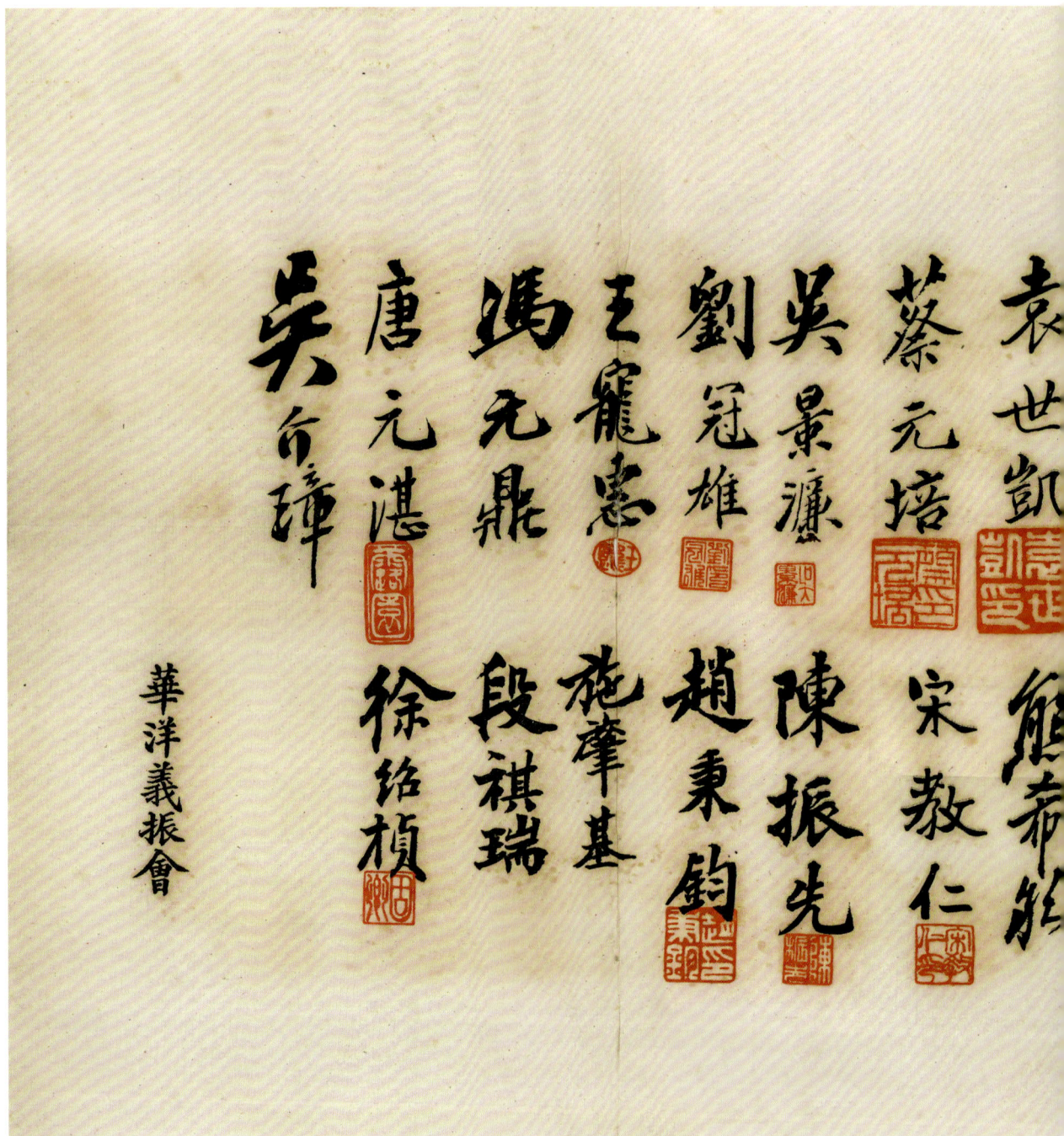

吴介璋　唐元湛　冯元鼎　王宠惠　刘冠雄　吴景濂　蔡元培　袁世凯

华洋义振會　徐绍桢　段祺瑞　施摩基　赵秉钧　陈振先　宋教仁　熊希龄

金陵大學堂算學教習裴義理

君創辦義農會專為中國貧民

種植荒地自謀生計辦法甚善

至公無私贊成諸君均願竭力

襄助速觀顧成茲特書名於后

孫文

貴興

陳貽範

張塞言

黎元洪

唐紹儀

程德全

溫宗堯

伍廷芳

郎世宁画乾隆帝春郊试马图小照

出版时间：1924 年
出版社：有正书局
出版地：上海
页　　数：5 页
语　　种：中文

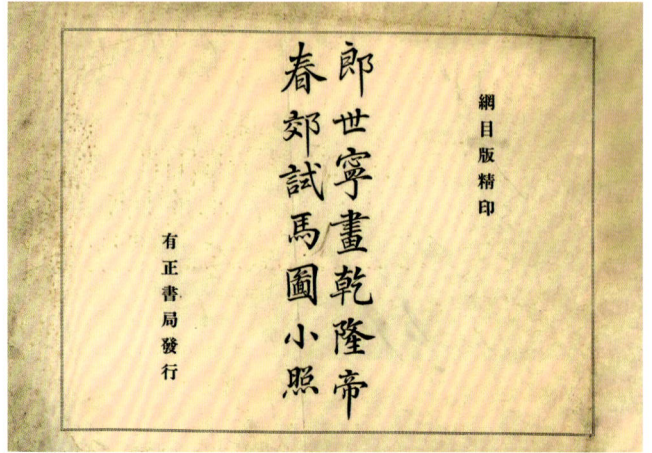

網目版精印

郎世寧畫乾隆帝
春郊試馬圖小照

有正書局發行

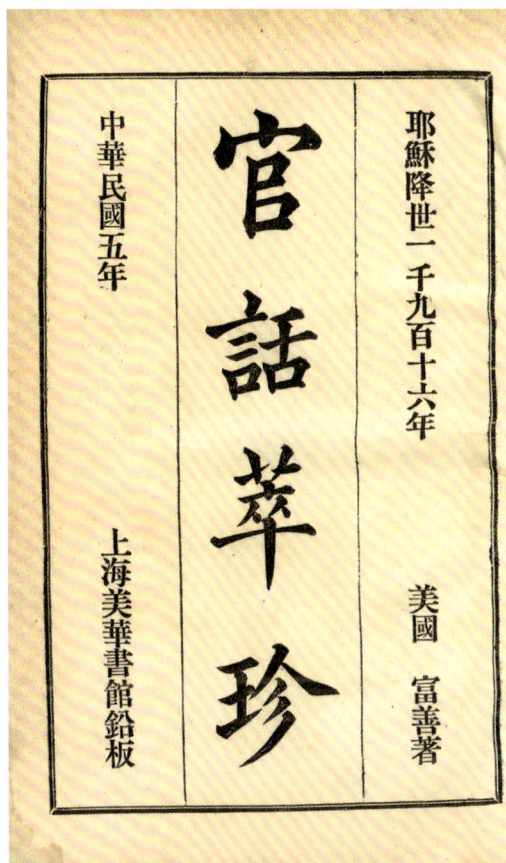

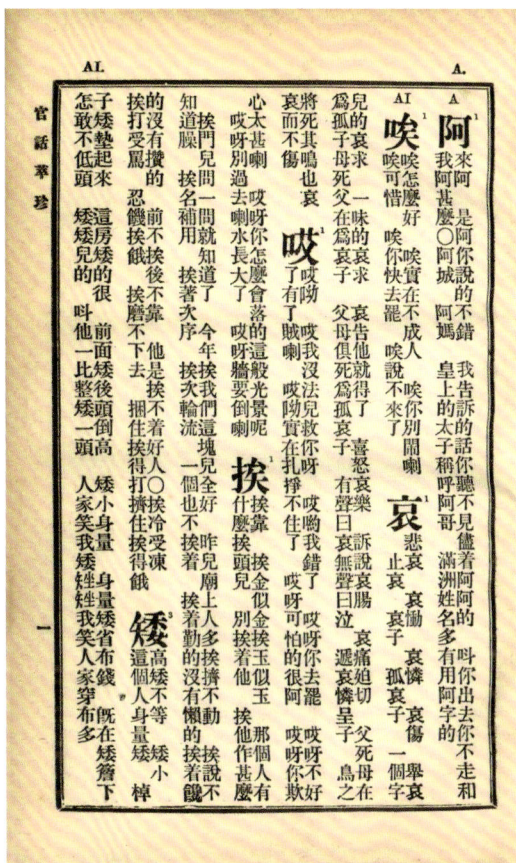

官話萃珍

耶穌降世一千九百十六年

美國　富善著

中華民國五年

上海美華書館鉛板

官話萃珍

A.　AI.

阿¹
來阿
是阿你說的不錯
我告訴你的話你聽不見儦著阿阿的
皇上的太子稱呼阿哥
滿洲姓名多有用阿字的
叫你出去你不走和

唉¹
唉怎麼好
唉可惜
唉實在不成人
唉你快去罷
唉說不來了阿
唉你別鬧喇

哎
哎呦
哎呦我錯了
哎呦你去罷
哎呦你不好
哎呦你欺

哀¹　悲哀　止哀　哀慟　哀子　哀傷　畢哀
哀腸　哀切　哀憐　孤哀子　一個字
訴說哀腸
喜怒哀樂
有聲曰哀無聲曰泣
父死母在曰遇哀憐呈子

兒的哀求
一味的哀求
爲孤子母死父在爲哀子
將死其鳴也哀
哀而不傷

心太甚喇
哎呀你怎麼落的這般光景呢
哎呀別過去喇水長大了

挨　挨靠　挨金似玉
挨什麼　挨頭兒
別挨著他
挨他作甚麼

今年挨我門這塊兒全好
挨次輪流
挨著勤的沒有懶的挨著餓

知道喇
挨門兒問一問就知道了
挨名補用
挨次序
他是挨不著好人○挨受凍
一個也不挨著
挨住挨得打一摑住挨得餓

矮　高矮不等　矮小
這個人有 既在矮簷下
人家笑我矮娃娃我笑人家穿布多

怎敢不低頭
這房矮的很
矮矮兒的
叫他一比整矮一頭

子矮墊起來
挨打受罵
的沒有攅的　前不挨後不靠
前面矮後頭倒高

矮小身量　身量矮省布錢
矮小身量我笑人家穿布多

一

官话初阶

作　　者：怀恩光（英国）
出版时间：1922 年
出版地：上海
页　　数：44 页
语　　种：中文

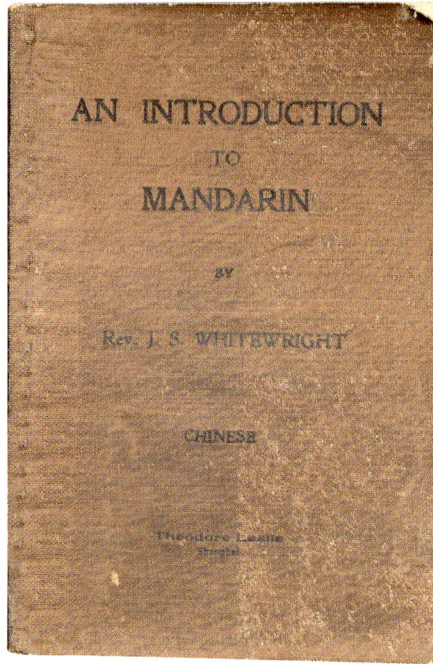

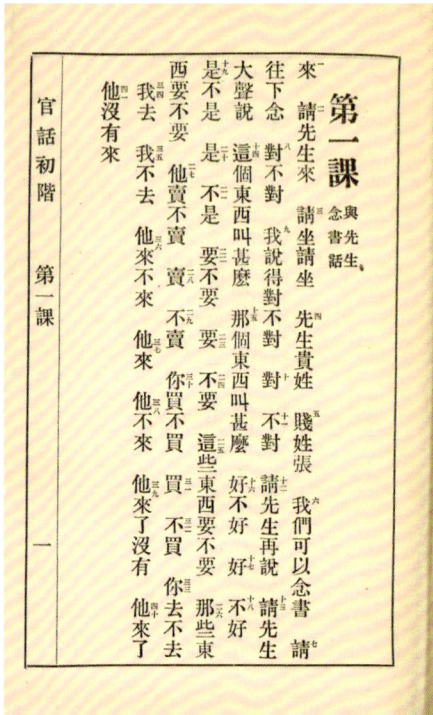

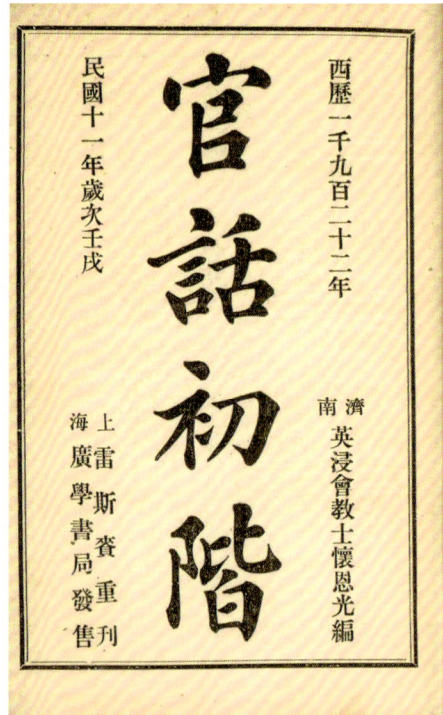

AN INTRODUCTION
TO
MANDARIN
BY
Rev. J. S. WHITEWRIGHT
CHINESE
Theodore Leslie
Shanghai

西歷一千九百二十二年
民國十一年歲次壬戌
官話初階
濟南英浸會教士懷恩光編
上海雷斯菱重刊
廣學書局發售

第一課

與先生念書話

來　請先生來　請坐請坐　先生貴姓　賤姓張　我們可以念書　請
往下念　對不對　我說得對不對　先生再說　請先生
大聲說　這個東西叫甚麼　那個東西叫甚麼　好不好　不好
是不是　是不是　要不要　要　不要　這些東西要不要　那些東
西要不要　他賣不賣　賣　不賣　你買不買　買　不買　你去不去
我要不要　我去　我不去　他來不來　他來　他不來　他來了沒有
他沒有來

官話初階　第一課　一

殷虚卜辞

作　　者：明义士（加拿大）

出版时间：1917 年

出 版 社：Kelly & Walsh, Limited

出 版 地：上海

页　　数：224 页

语　　种：中文、英文

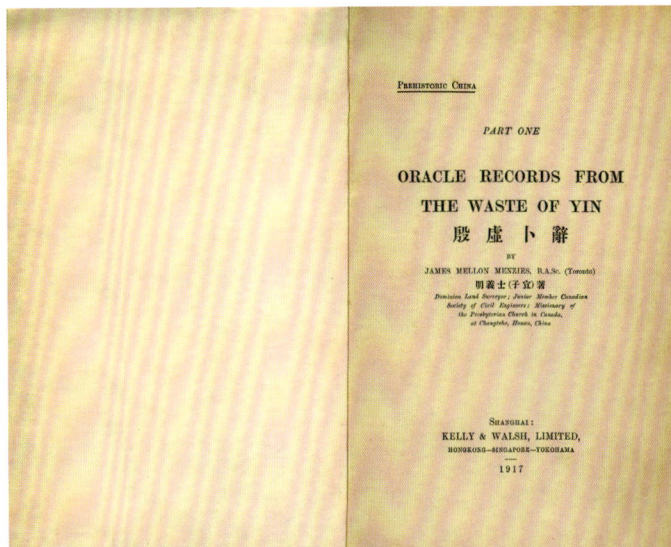

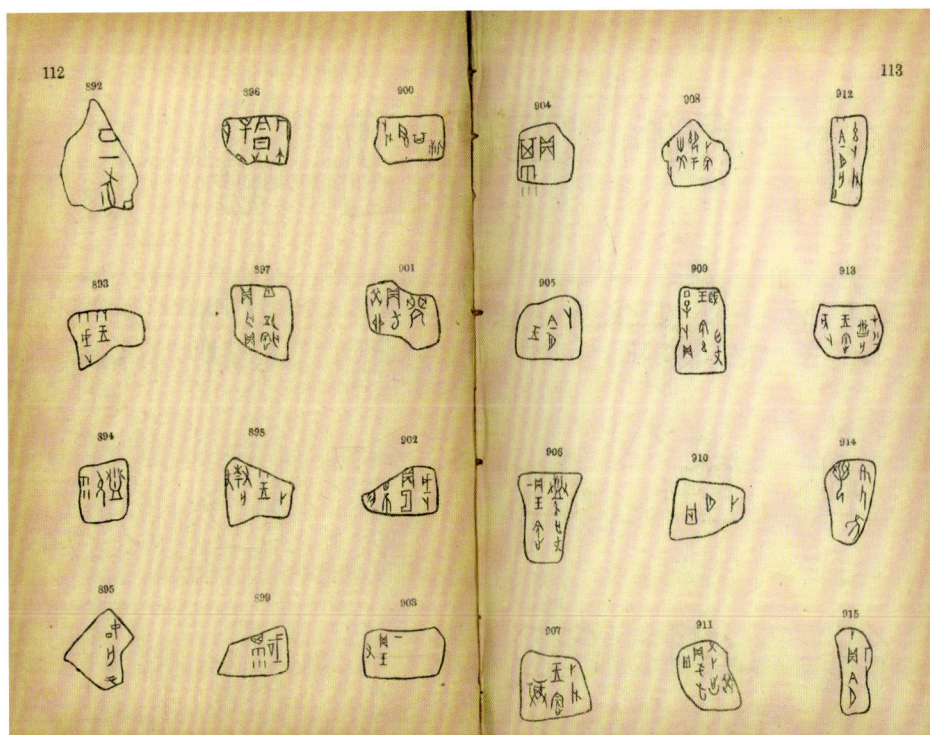

北疆博物院人文藏品集萃

食医心鑑

作　　者：明义士（加拿大）
出版时间：1924 年 6 月
出 版 社：东方学会印行
页　　数：73 页
语　　种：中文

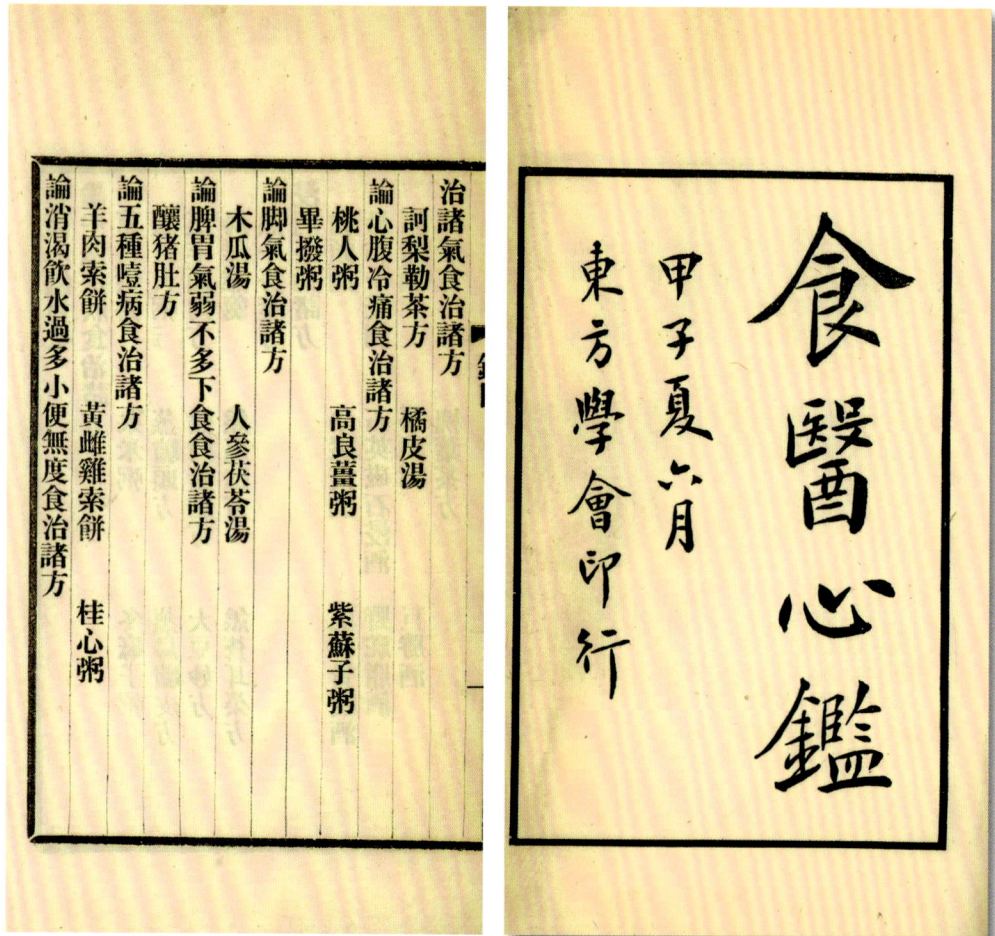

阳宅三要（善成堂 藏板）

作　　者：赵九峰
页　　数：762 页
语　　种：中文

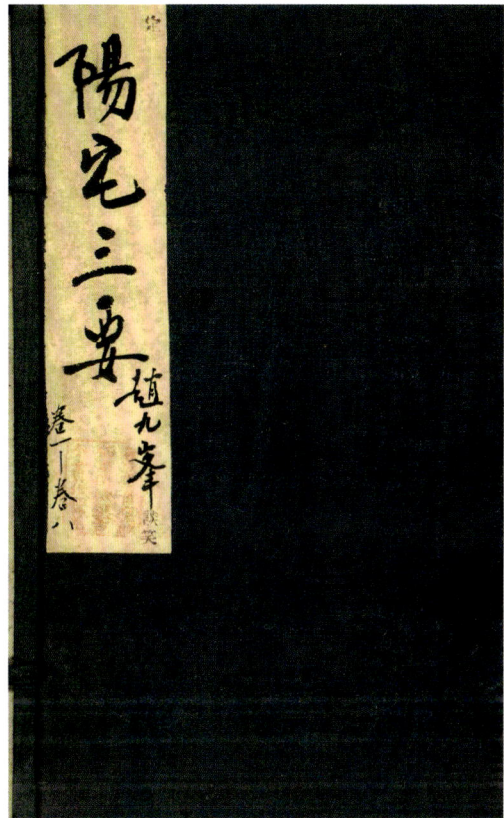

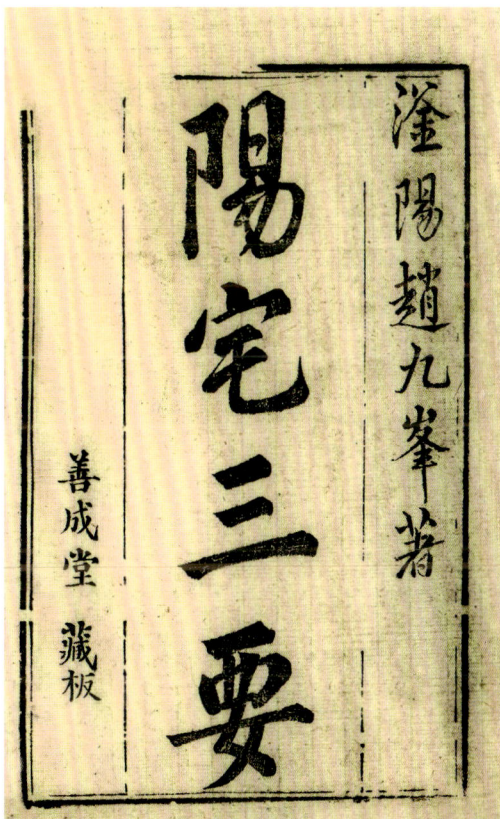

易隐（三册）

出版时间：1925 年

出 版 地：上海

出 版 社：上海文明书局

页　　数：110—134 页

语　　种：中文

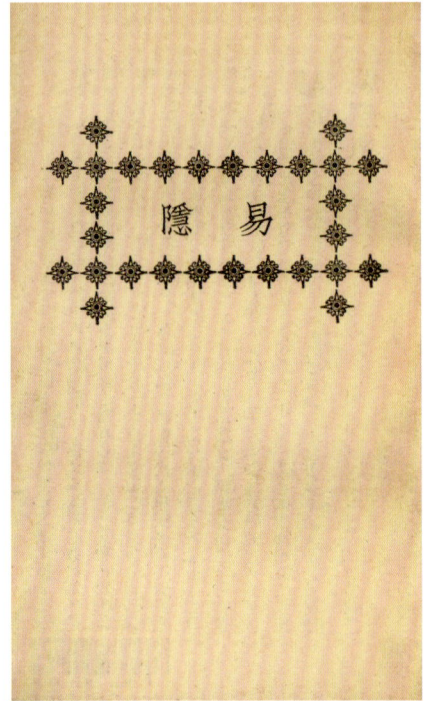

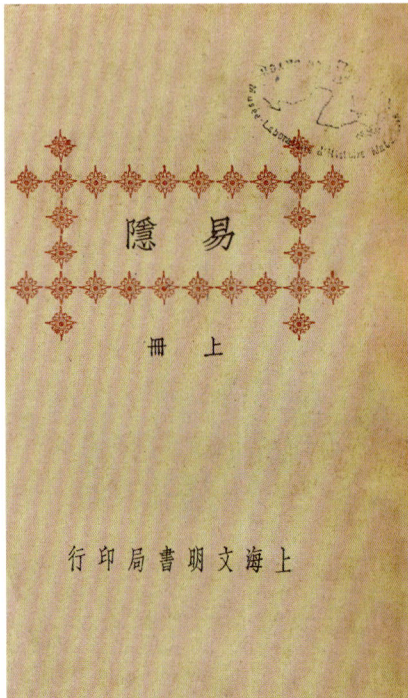

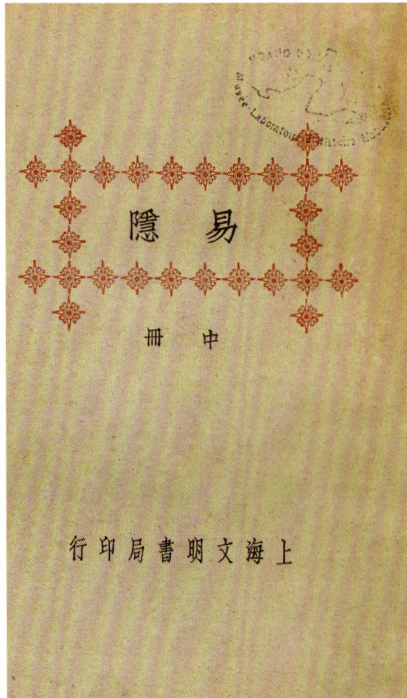

梅花易数（上下册）

出版时间：1925 年
出 版 地：上海
出 版 社：上海文明书局
页　　数：86—126 页
语　　种：中文

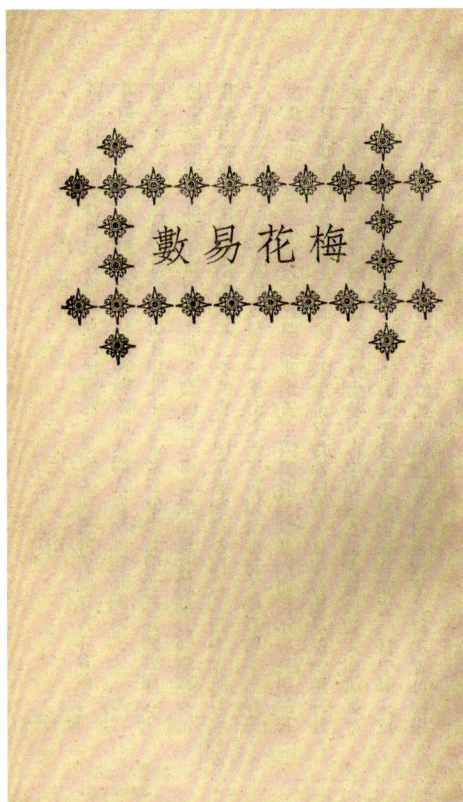

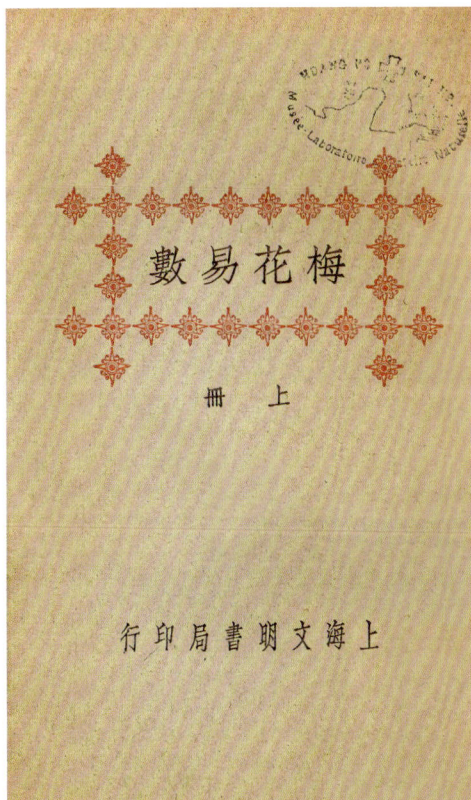

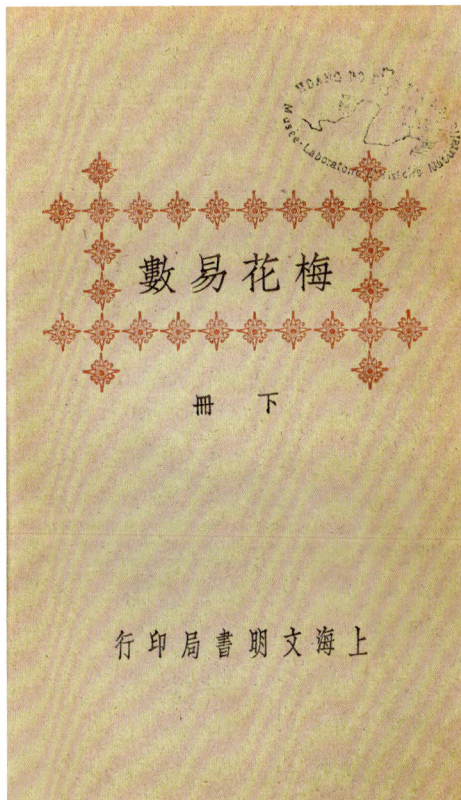

THE ENCYCLOPÆDIA BRITANNICA ELEVENTH EDITION VOL.12. GIC. TO HAR.

THE ENCYCLOPÆDIA BRITANNICA ELEVENTH EDITION VOL.13. HAR. TO HUR.

THE ENCYCLOPÆDIA BRITANNICA ELEVENTH EDITION VOL.14. HUS TO ITA.

THE ENCYCLOPÆDIA BRITANNICA ELEVENTH EDITION VOL.15. ITA. TO KYS.

THE ENCYCLOPÆDIA BRITANNICA ELEVENTH EDITION VOL.16. L TO LOR.

THE ENCYCLOPÆDIA BRITANNICA ELEVENTH EDITION VOL.17. LOR. TO MEC.

THE ENCYCLOPÆDIA BRITANNICA ELEVENTH EDITION VOL.18. MED. TO MUM. HANDY VOLUME ISSUE

THE ENCYCLOPÆDIA BRITANNICA ELEVENTH EDITION VOL.

030 13
030 14
030 15
030 16
030 17
030 18

THE ENCYCLOPÆDIA BRITANNICA

不列颠百科全书

出版时间：1910—1922 年

出 版 社：The Encyclopædia Britannica Company

出 版 地：美国纽约、英国伦敦

卷　　数：共三十二卷

语　　种：英文

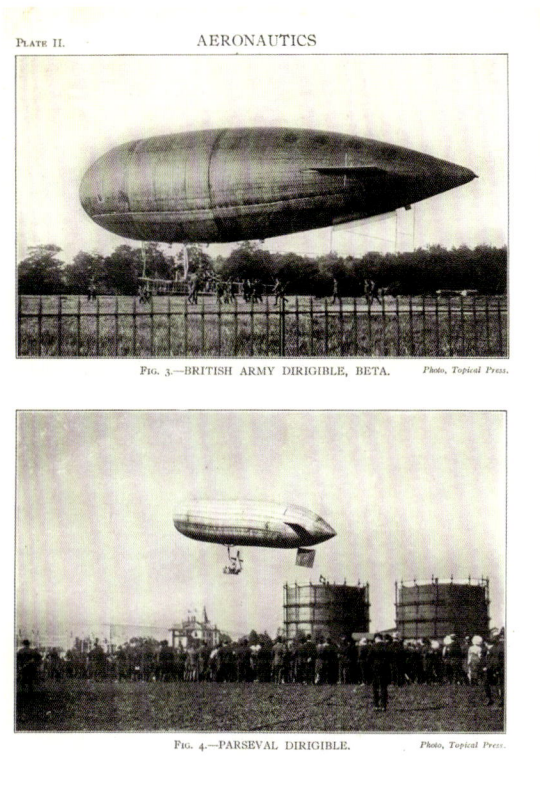

插图：英国部队软式飞艇

中国博物馆协会会报
第一卷 第一期

出版时间：1935 年
出版社：中国博物馆协会
出版地：北平
页　　数：38 页
语　　种：中文、英文

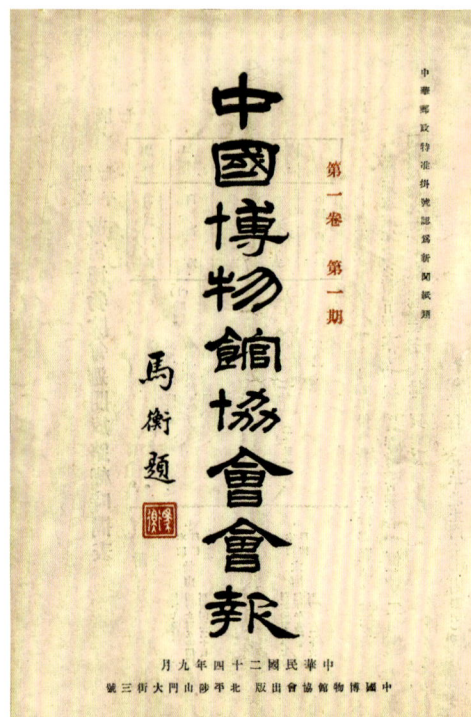

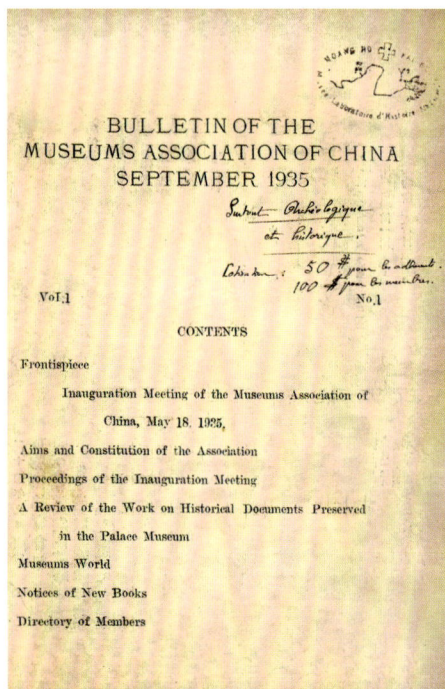

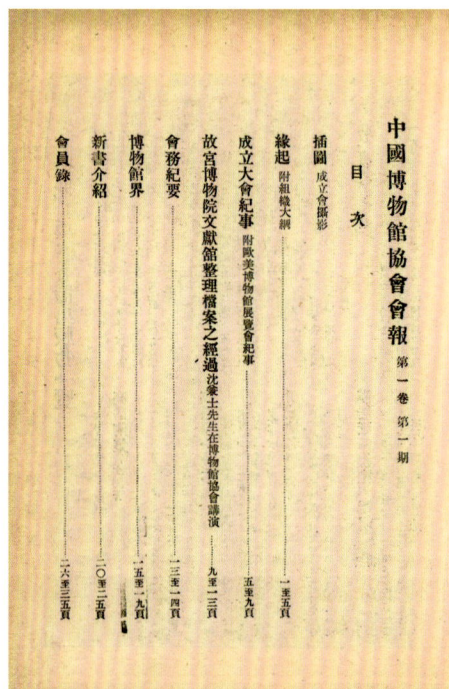

民國廿四年五月十八日 中國博物館協會成立紀念

中國博物館協會成立大會紀念攝影

組織中國博物館協會緣起

附 組織大綱 成立大會通過

第一章 名稱

第一條 本會定名為中國博物館協會。

第二章 宗旨

第二條 本會以研究博物館事業並謀博物館之互助為宗旨。

發起人

丁文江　王獻唐　任鴻雋　朱啓鈐　吳定良　李麟玉
何澄一　沈兼士　邵　裴　洪　業　唐　蘭　李青華　李仁俊
翁文灝　徐炳昶　徐鴻寶　姚光忠　袁復禮　馬　衡
張　珏　陳　垣　莊尚嚴　梁思成　張元濟　張道藩　張　烱
袁同禮　黃文弼　程叔亮　常　惠　傅汝霖　傅斯年　楊時喬
衰希元　趙萬里　齊如山　趙德怡　葉恭綽　博增湘　劉海粟
蔣　節　謝　壽　歐陽乃斌　錢　稻　歐陽道達　劉士能　劉敦楨
謝家榮　盧作孚　顏文樑　譚卓垣

北疆博物院人文藏品集萃

中国博物馆协会会报
第一卷　第二期

出版时间：1935 年

出 版 社：中国博物馆协会

出 版 地：北平

页　　数：45 页

语　　种：中文、英文

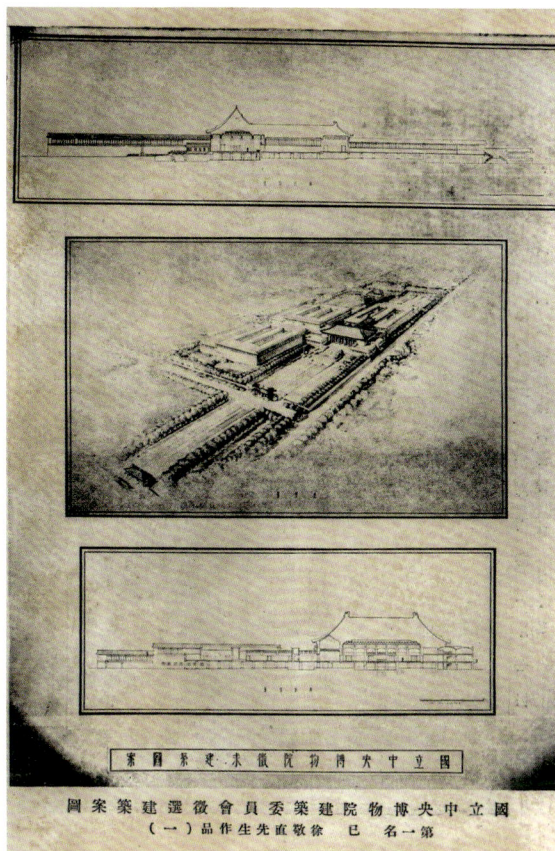

國立北平故宮博物院每週開放路綫時間表

星期開放路綫		
1. 内 西 路		
5. 内 東 路		
2. 中路及外西路		
6. 外 東 路		
3. 外 東 路		
4. 中路及内東路		
日		

附 註

（1）時間
舊券每日上午九時半
起至下午三時半止
參觀者須於下午四時
半前完全退出

（2）券價
每張五角
團體半價 每月一、二、三、休二角
單人一角

本院 景山 所轄

1. 本院 景山 開放時間上午八時
所轄 起下午四時止
票價銅元二十枚

2. 本院 太廟 開放時間上午七時
所轄 太廟 起下午九時止
票價銅元二十枚

本院歷年出版之故宮大日曆業員盧舉二十五年份業經發行其選印之書畫金石均係經過專家審定之精品日曆 大字 則採集名碑 更壹古雅每份 定價貳元二角廉價期內減取九折函購每份加郵費三角如大批購買另有優待辦法

總發行所 北平北上門

國立中央博物院建築未來圖案
國立中央博物院建築委員會徵選建築圖案
第一名 已 徐敬直先生作品（一）

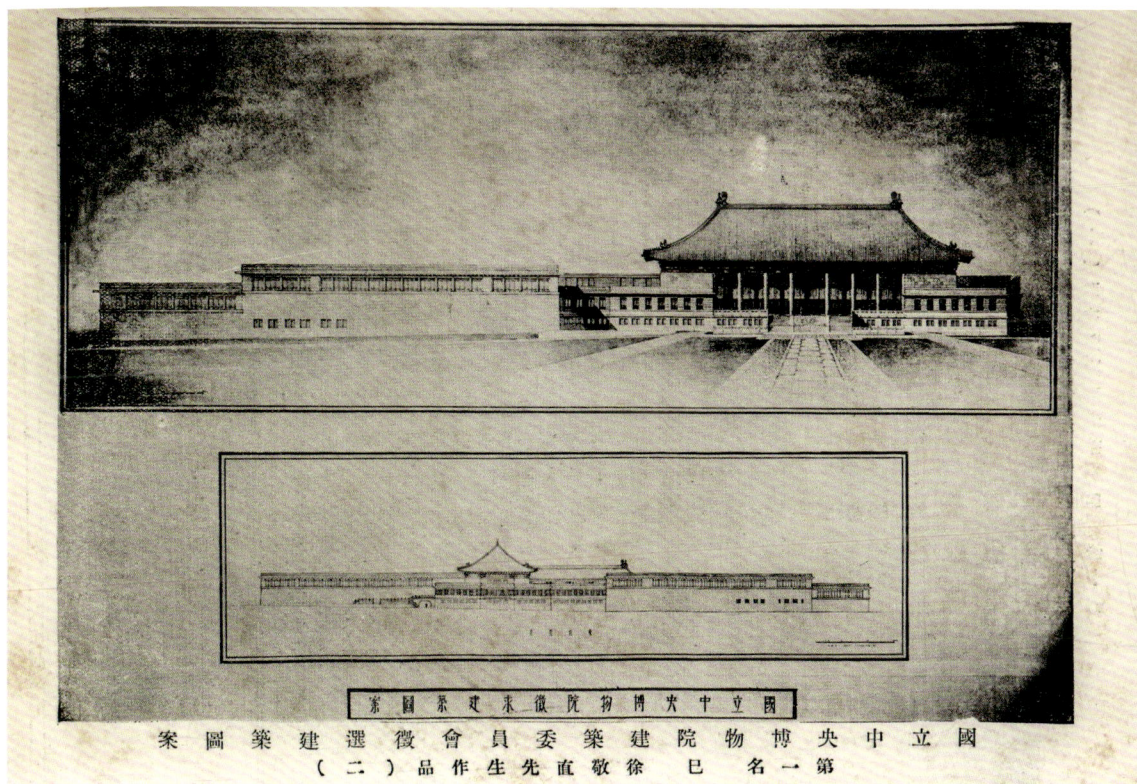

國立中央博物院建築未來圖案
國立中央博物院建築委員會徵選建築圖案
第一名 已 徐敬直先生作品（二）

中国博物馆协会会报
第一卷　第三期

出版时间：1936 年
出版社：中国博物馆协会
出版地：北平
页　　数：47 页
语　　种：中文、英文

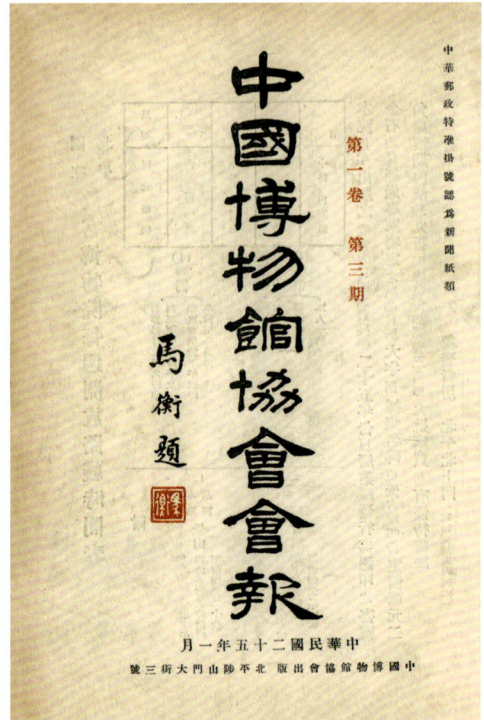

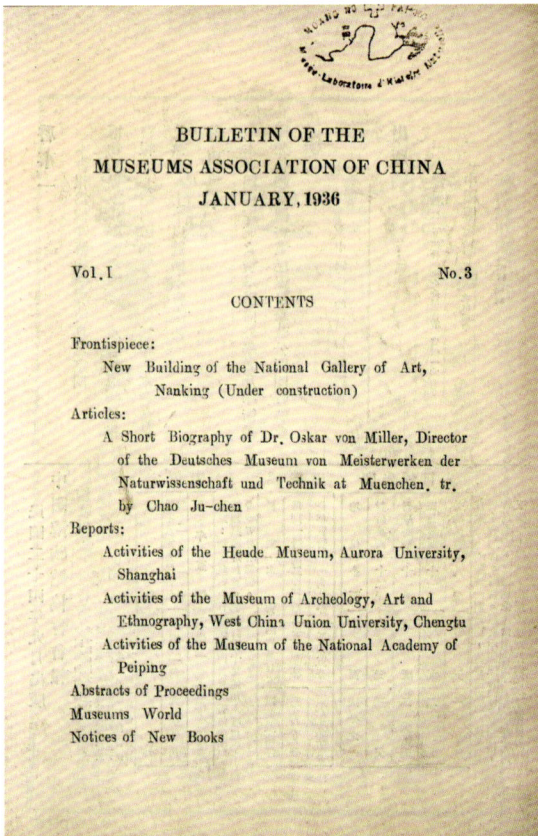

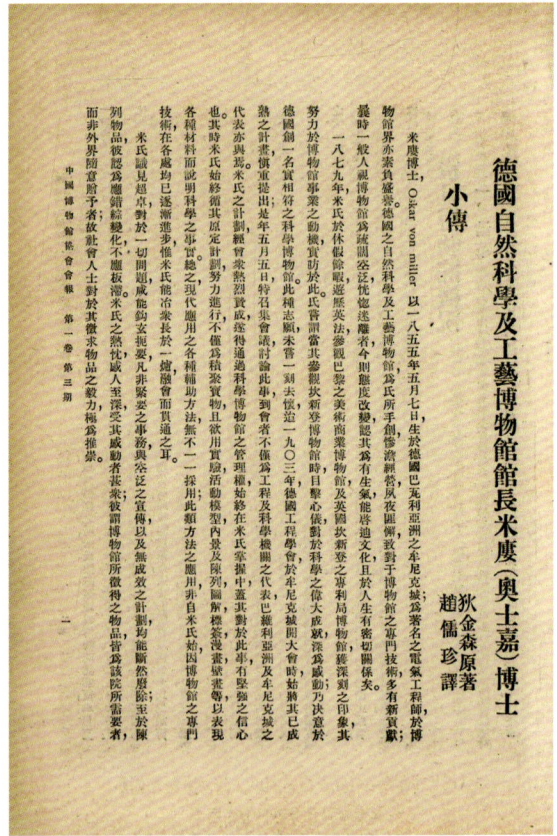

中國博物館協會會報

第一卷　第三期

馬衡題

中華民國二十五年一月
中國博物館協會出版　北平陽山門大街三號
中華郵政特准掛號認為新聞紙類

BULLETIN OF THE
MUSEUMS ASSOCIATION OF CHINA
JANUARY, 1936

Vol. I　　　　　No. 3

CONTENTS

Frontispiece:

New Building of the National Gallery of Art, Nanking (Under construction)

Articles:

A Short Biography of Dr. Oskar von Miller, Director of the Deutsches Museum von Meisterwerken der Naturwissenschaft und Technik at Muenchen. tr. by Chao Ju-chen

Reports:

Activities of the Heude Museum, Aurora University, Shanghai

Activities of the Museum of Archeology, Art and Ethnography, West China Union University, Chengtu

Activities of the Museum of the National Academy of Peiping

Abstracts of Proceedings

Museums World

Notices of New Books

德國自然科學及工藝博物館館長米廬（奧士嘉）博士

小傳

狄金森原著
趙儁珍譯

米廬博士，Oskar von miller 以一八五五年五月七日生於德國巴伐利亞洲之牟尼克城為著名之電氣工程師於博物界亦裝貧為德國之自然科學及工藝博物館為氏所手創惨澹經營風夜圖繪致對于博物館之專門技術多有新貢獻最時一般人視博物館為有生氣而生氣文化且於人有生密切關係矣。

一八七九年米氏於休假除眼遊照英法參觀巴黎之美術商業博物館及英國坎新登之偉大成就蓋浸威動乃決意於德國創一名實相容之博物館實防於此氏嘗謂吾人觀巴黎新發博物館心儀暴心於整心偉大成就蓋浸威動乃決意於德國創一名實相容之博物館…

國立美術陳列館及戲劇音樂院圖案

（三）國立美術陳列館及戲劇音樂院徵選建築圖案
美術館及戲劇音樂院內部平面圖案

國立美術陳列館圖案

（四）國立美術陳列館及戲劇音樂院徵選建築圖案
美術館內外全部剖面圖案

中国博物馆协会会报
第一卷　第四期

出版时间：1936 年
出 版 社：中国博物馆协会
出 版 地：北平
页　　数：67 页
语　　种：中文、英文

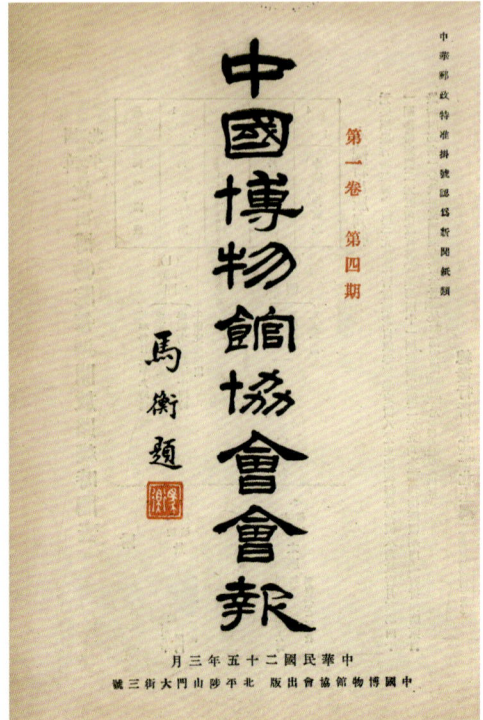

博物館與陳列館

L. C. Everard 著
李永增譯

上 海 市 博 物 館 新 建 築 外 部 攝 影

上 海 市 博 物 館 新 建 築 內 部 攝 影

古物之修复与保存

作　　者：胡肇椿、曹春霆
出版时间：1936 年
出版　社：上海市博物馆
出版　地：上海
页　　数：81 页
语　　种：中文

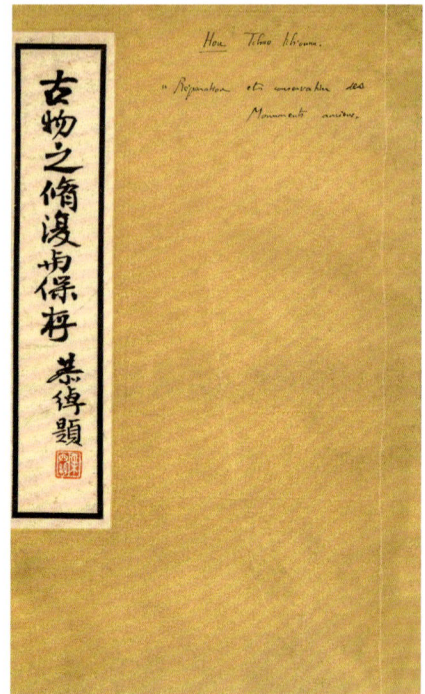

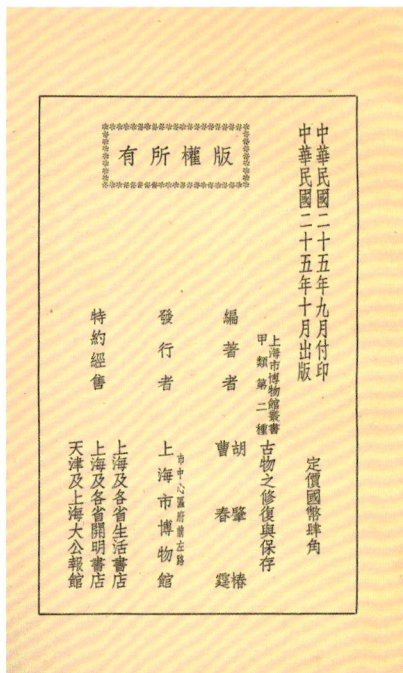

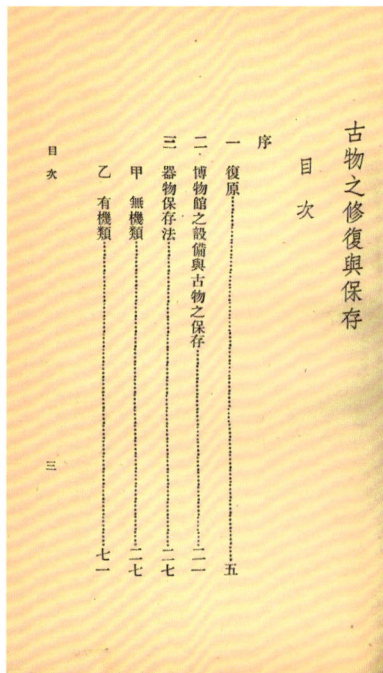

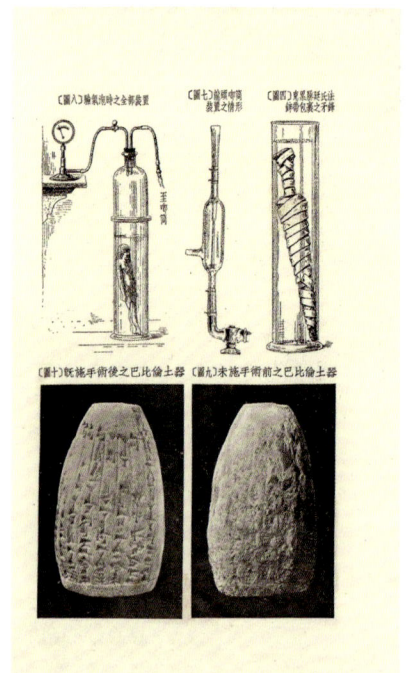

(圖八)輸氣抽時之全部裝置
(圖七)盛硝中筒裝置之情形
(圖四)見黑斑銹蝕之法鏟蝕復蓋之手續

(圖十)既施手術使之巴比倫土器
(圖九)未施手術前之巴比倫土器

CENTRAL ASIATIC EXPEDITIONS OF THE AMERICAN MUSEUM OF NATURAL HISTORY, VOLUME I PRELIMINARY CONTRIBUTIONS IN GEOLOGY, PALAEONTOLOGY AND ZOOLOGY 1918-1925

美国博物馆中亚调查记·第一卷 地质学、古生物学和动物学领域 的早期贡献（1918—1925）

出版时间：1918—1925 年

语　　种：英文

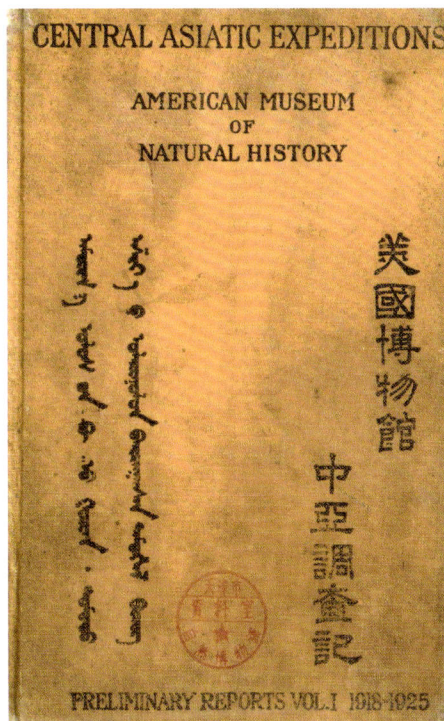

BULLETIN DU MUSÉE D'ETHNOGRAPHIE DU TROCADÉRO N° 1, Janvier

特罗卡德罗民族志博物馆公报

出版时间：1931—1934 年

语　　种：法文

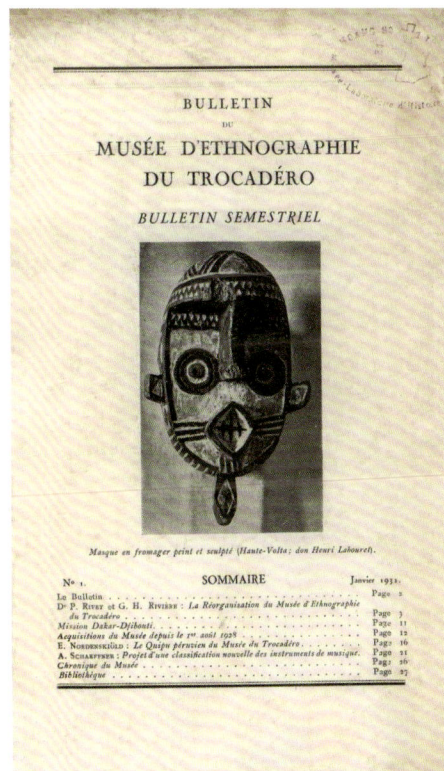

ANNALES DU MUSÉE ROYAL D'HISTOIRE NATURELLE DE BELGIQUE TOME

比利时皇家自然历史博物馆年鉴

出版时间: 1877—1885 年

语　　种: 法文

PRACE PAŃSTWOWEGO MUZEUM ZOOLOGICZNEGO Annales Musei Zoologici Polonici.

国家动物学博物馆作品: 波兰动物学博物馆年鉴

出版时间: 1928 年

语　　种: 德文

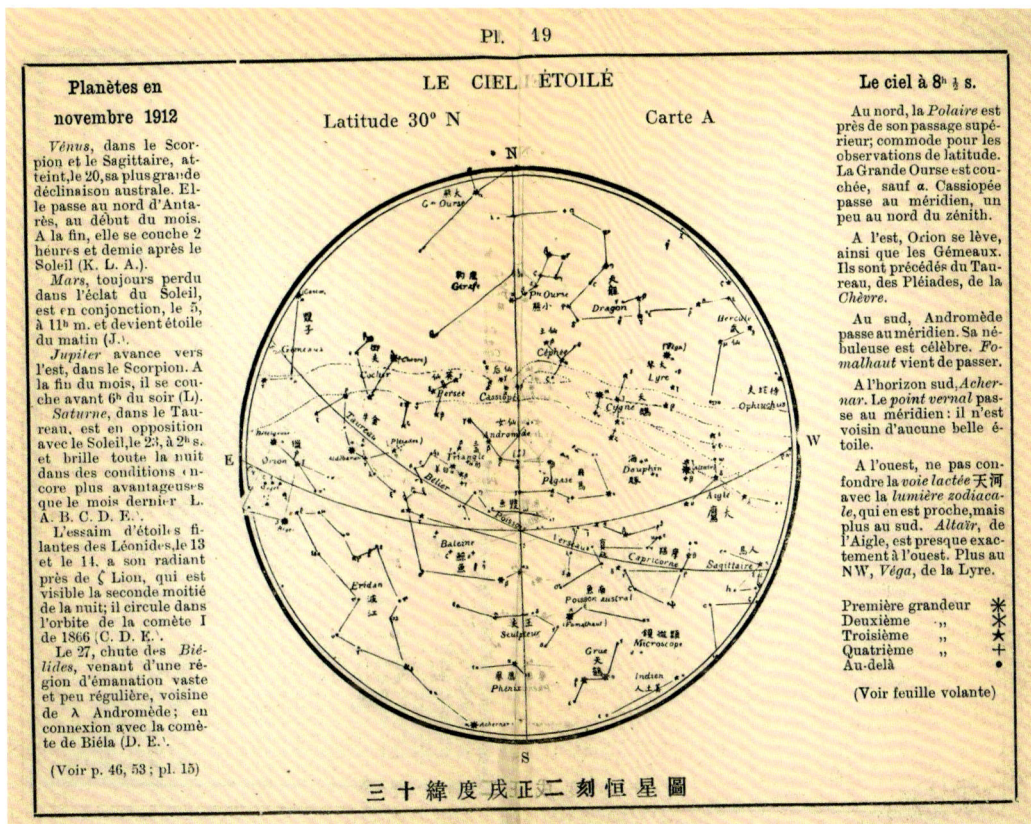

Pl. 19

LE CIEL ÉTOILÉ

Latitude 30° N.　　　　　　　Carte A

Planètes en novembre 1912

Vénus, dans le Scorpion et le Sagittaire, atteint, le 20, sa plus grande déclinaison australe. Elle passe au nord d'Antarès, au début du mois. A la fin, elle se couche 2 heures et demie après le Soleil (K. L. A.).

Mars, toujours perdu dans l'éclat du Soleil, est en conjonction, le 5, à 11ʰ m. et devient étoile du matin (J.).

Jupiter avance vers l'est, dans le Scorpion. A la fin du mois, il se couche avant 6ʰ du soir (L).

Saturne, dans le Taureau, est en opposition avec le Soleil, le 23, à 2ʰ s. et brille toute la nuit dans des conditions encore plus avantageuses que le mois dernier L. A. B. C. D. E.

L'essaim d'étoiles filantes des Léonides, le 13 et le 14, a son radiant près de ζ Lion, qui est visible la seconde moitié de la nuit; il circule dans l'orbite de la comète I de 1866 (C. D. E.).

Le 27, chute des *Biélides*, venant d'une région d'émanation vaste et peu régulière, voisine de λ Andromède; en connexion avec la comète de Biéla (D. E.).

(Voir p. 46, 53 ; pl. 15)

Le ciel à 8ʰ ⅓ s.

Au nord, la *Polaire* est près de son passage supérieur; commode pour les observations de latitude. La Grande Ourse est couchée, sauf α. Cassiopée passe au méridien, un peu au nord du zénith.

A l'est, Orion se lève, ainsi que les Gémeaux. Ils sont précédés du Taureau, des Pléiades, de la *Chèvre*.

Au sud, Andromède passe au méridien. Sa nébuleuse est célèbre. *Fomalhaut* vient de passer.

A l'horizon sud, *Achernar*. Le *point vernal* passe au méridien : il n'est voisin d'aucune belle étoile.

A l'ouest, ne pas confondre la *voie lactée* 天河 avec la *lumière zodiacale*, qui en est proche, mais plus au sud. *Altaïr*, de l'Aigle, est presque exactement à l'ouest. Plus au NW, *Véga*, de la Lyre.

Première grandeur ✳
Deuxième ＂ ✴
Troisième ＂ ★
Quatrième ＂ ✚
Au-delà •

(Voir feuille volante)

三十緯度戌正二刻恒星圖

OBSERVATOIRE DE ZI-KA-WEI CALENDRIER-ANNUAIRE POUR

上海徐家汇观象台年鉴

出版时间：1912—1931 年

语　　种：法文

北疆博物院人文藏品集萃

国立北平研究院院务汇报

出版时间：1930—1932 年

语　　种：中文

BULLETIN

OF

THE NATIONAL ACADEMY OF PEIPING

VOL. I, NO. 2　　JULY, 1930

國立北平研究院

院務彙報

李煜瀛題

第一卷 第二期　中華民國十九年七月

陶然亭全部平面圖

民國十九年四月廿八日國立北平研究院測繪

空房

菜園

石幢

空房

葦

塘

空房

車門

廚房　房　住　文昌閣

雨廊

松柏

西廳　　　　　南海大士殿　　　丁香

客廳　過廳　　　　　　住房

方丈室　準提殿　　廚房

葦

塘

葦

住房

住房

大門

北

塘

塘

葦

M　0 1 2 3 4 5　10　20　30

比例尺：四百分之一

地图

北疆博物院藏国内外各类地图900余幅，内容丰富，种类繁多，涉及行政区划、自然资源及人文历史等各种类型。这些地图为桑志华团队开展科学考察和研究提供了重要参考资料。本书选取其中具有代表性的地图17张，有桑志华科学考察线路中的重要站点如山西、河北等地省县镇区划图，也有内容形式适应特殊要求和专门用途的专用地图。

《五寨县全图》

尺寸：长57.6厘米，宽60.8厘米

中文地图。

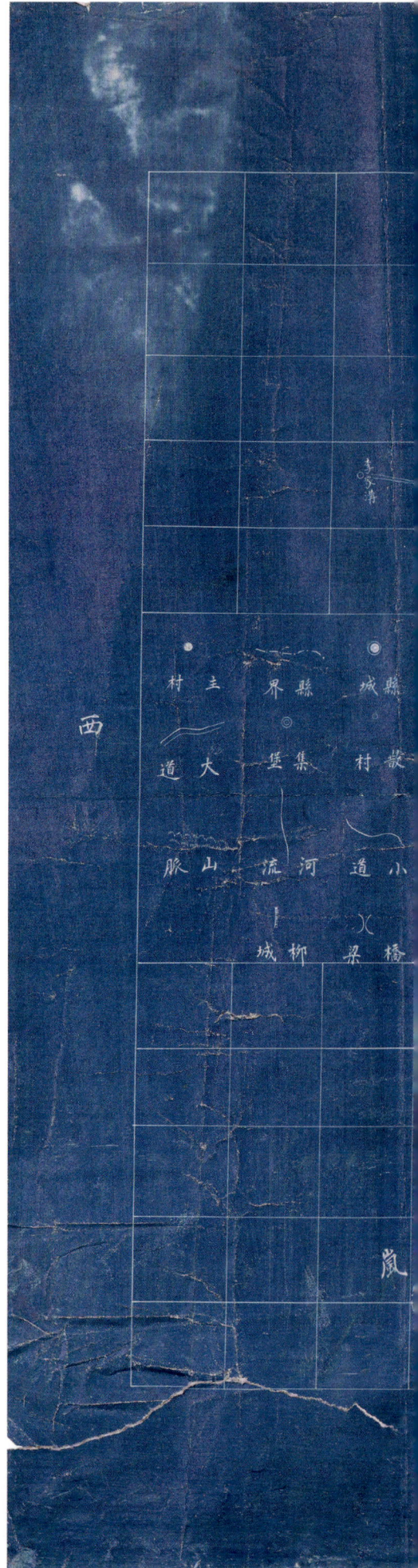

北

五寨縣全圖

縣　　閣　　偏

河
曲
縣

神

東

池

岢

縣

縣　　　縣　　武　　寧

南

《山西榆社社城镇地图》

尺寸：长57.6厘米，宽46.2厘米

双语单色地图。

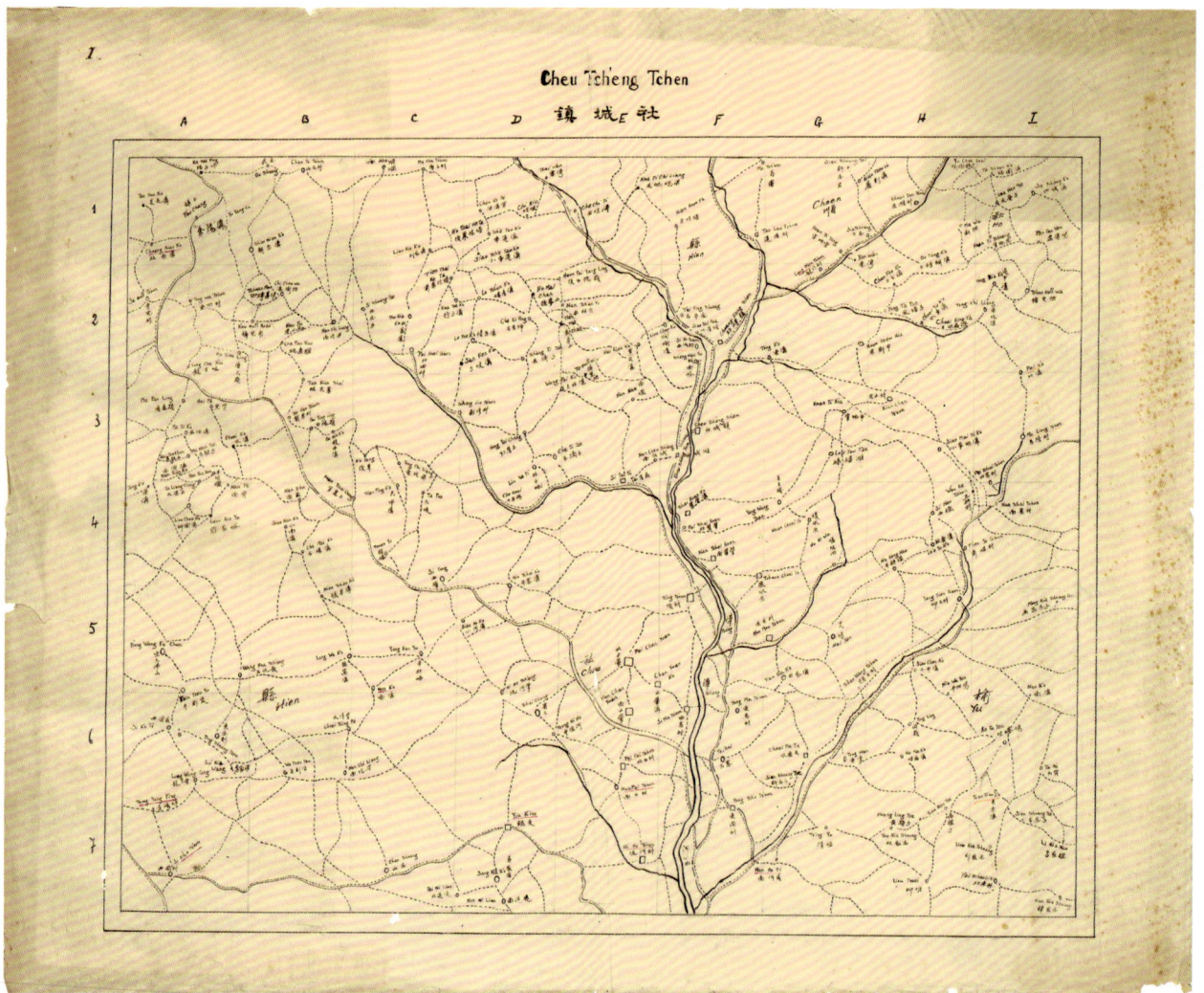

《山西榆社武乡县地图》

尺寸：长57.8厘米，宽46.3厘米

双语单色地图。

《山西榆社来远镇地图》

尺寸：长57.4厘米，宽46.4厘米

双语单色地图。

北疆博物院人文藏品集萃

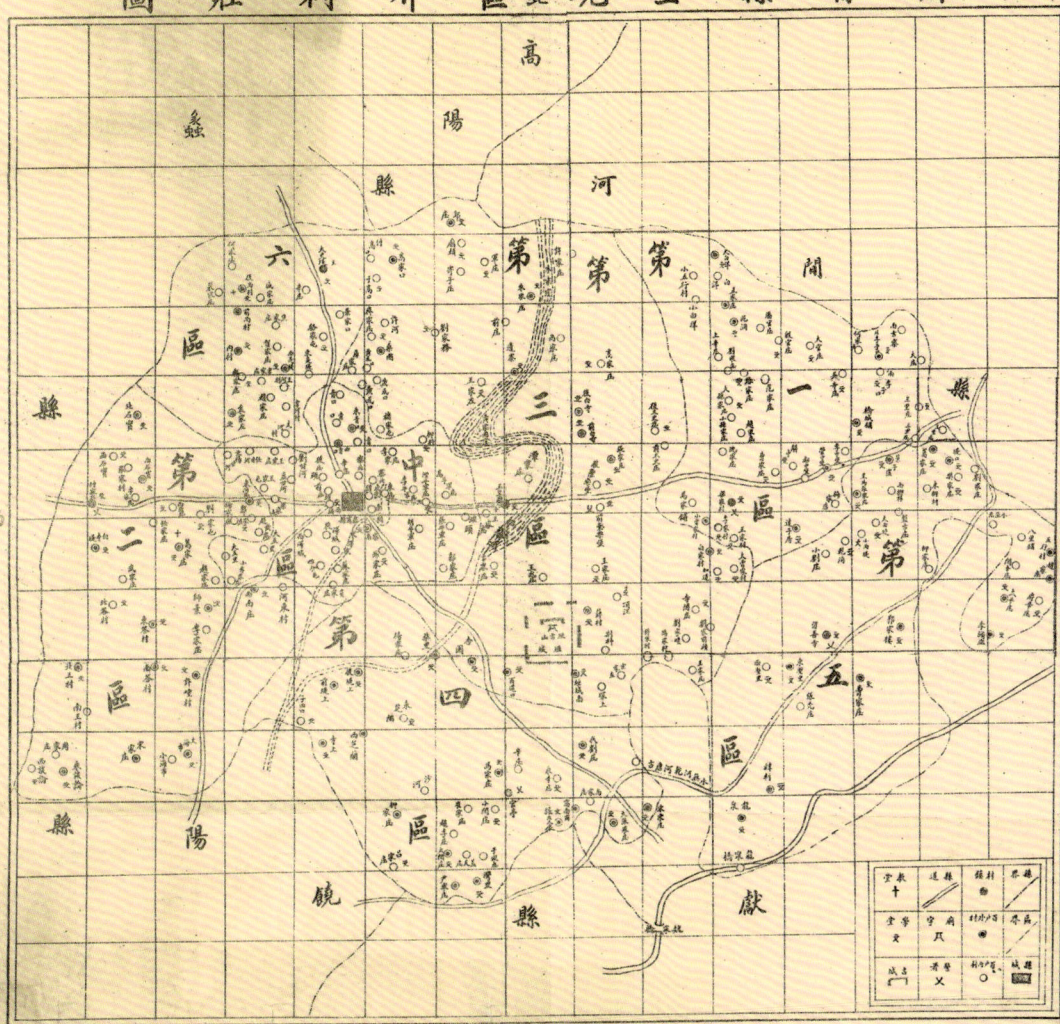

《肃宁县全境区界村庄图》

尺寸：长54.4厘米，宽54.9厘米

中文单色地图。

《献县合境村镇全图》

尺寸：长61.7厘米，宽75.2厘米

中文单色地图。

獻縣合境村鎮全圖

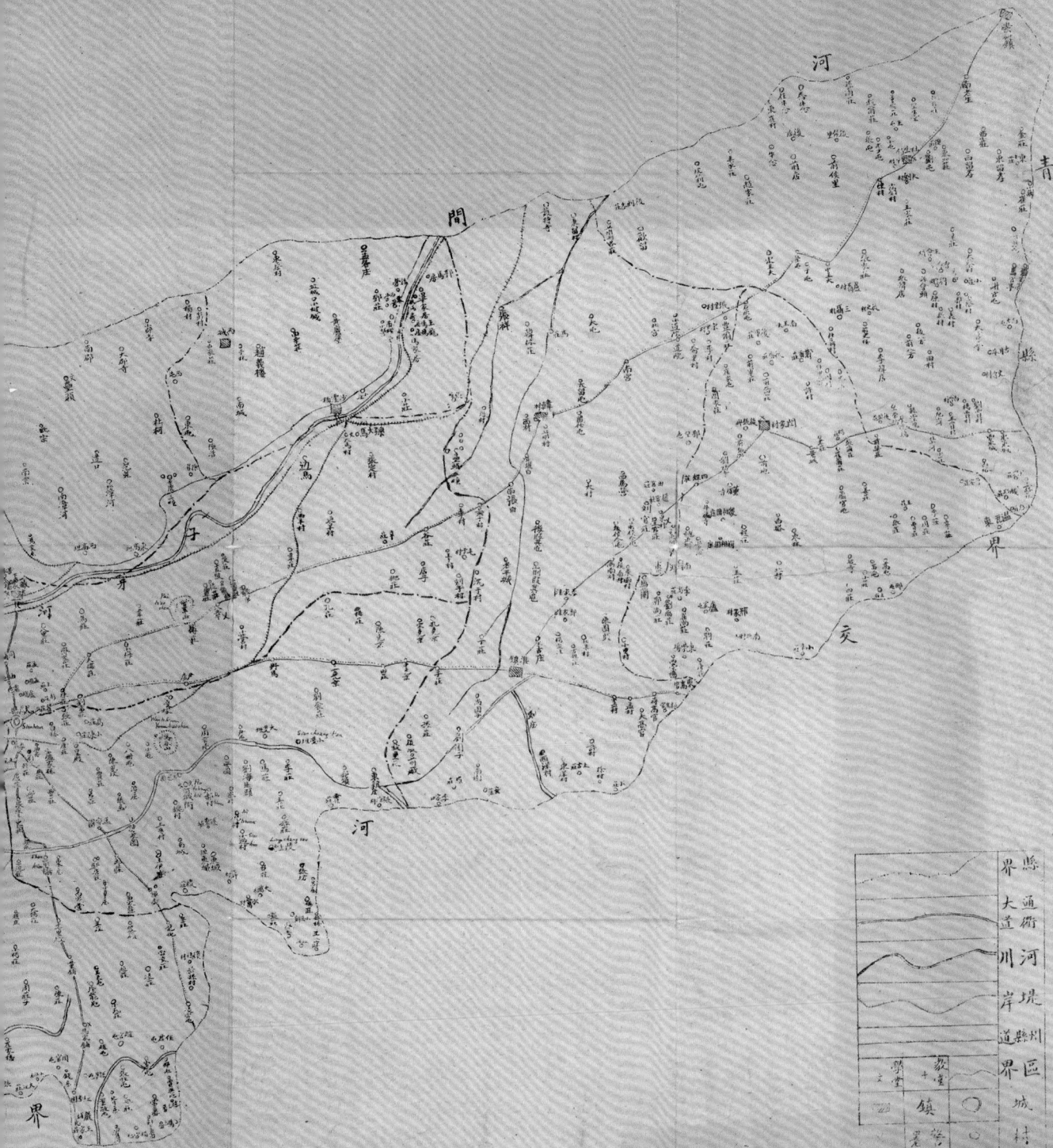

河

間

河

河

青縣

交界

縣界

十萬分之一比例尺

井陘最新輿圖

直隸石家莊總領寶業中學校出板

號 符

Ecole Saint Michel

《井陉最新舆图》

尺寸：长63.2厘米，宽55.3厘米

中文单色地图，由直隶石家庄总领实业中学校出版。

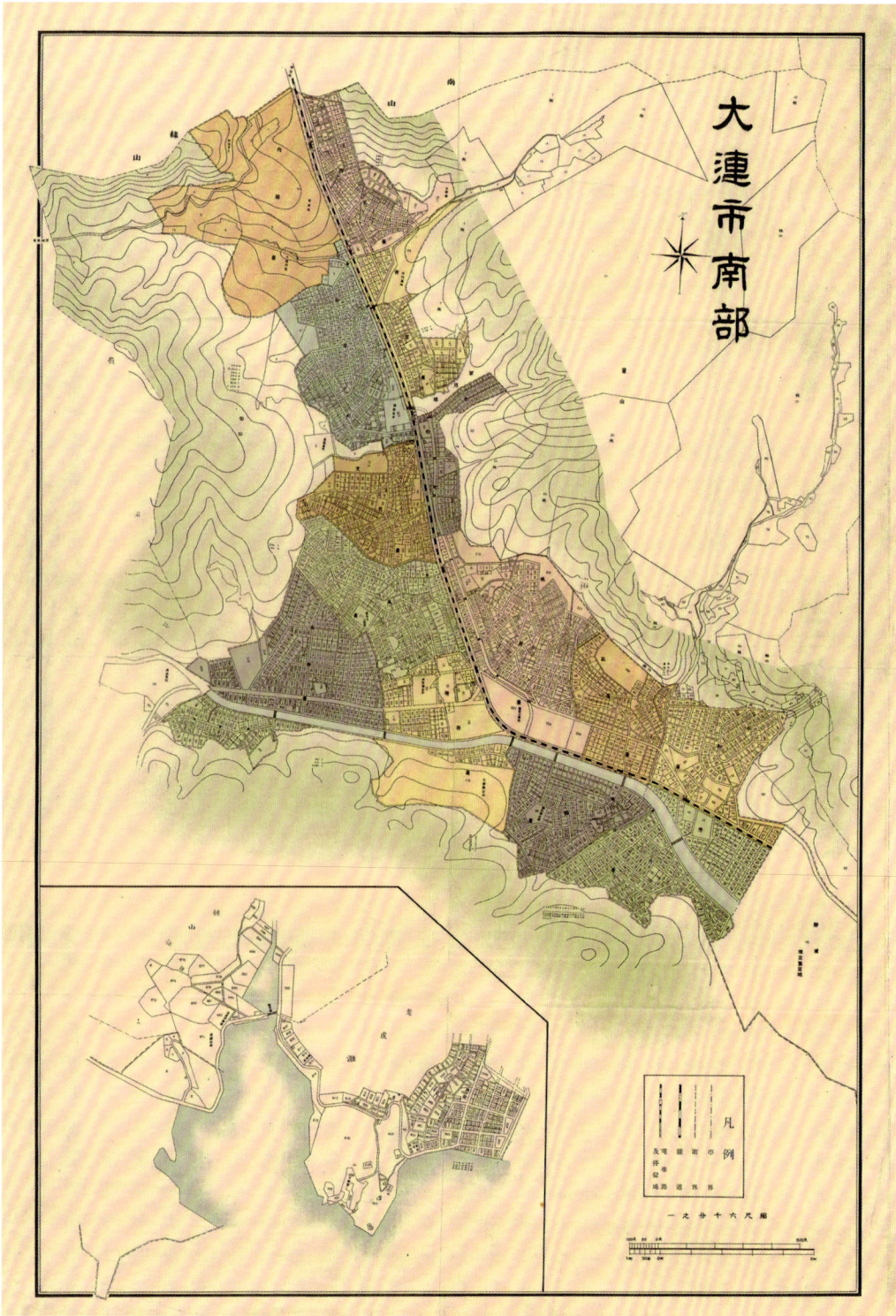

《大连市街全图》

尺寸：长78.5厘米，宽54.9厘米

　　日文彩色地图，此图为大连市南部市街图。

POSTAL MAP
OF
SHENSI DISTRICT.

REFERENCE

●	Head Office	郵務管理局
◉	Second Class Office	二等郵局
■	Third Class Office	三等郵局
○	Agency	郵寄代辦所
—	Limit of Postal District	郵區界綫
	Daily day and night service	每晚夜班郵路
	Bi-daily day and night service	間日晝夜班郵路
	Daily service	每日晝班郵路
	Bi-daily service	間日晝班郵路
	Tri-daily or less frequent service	三日或較頻郵路

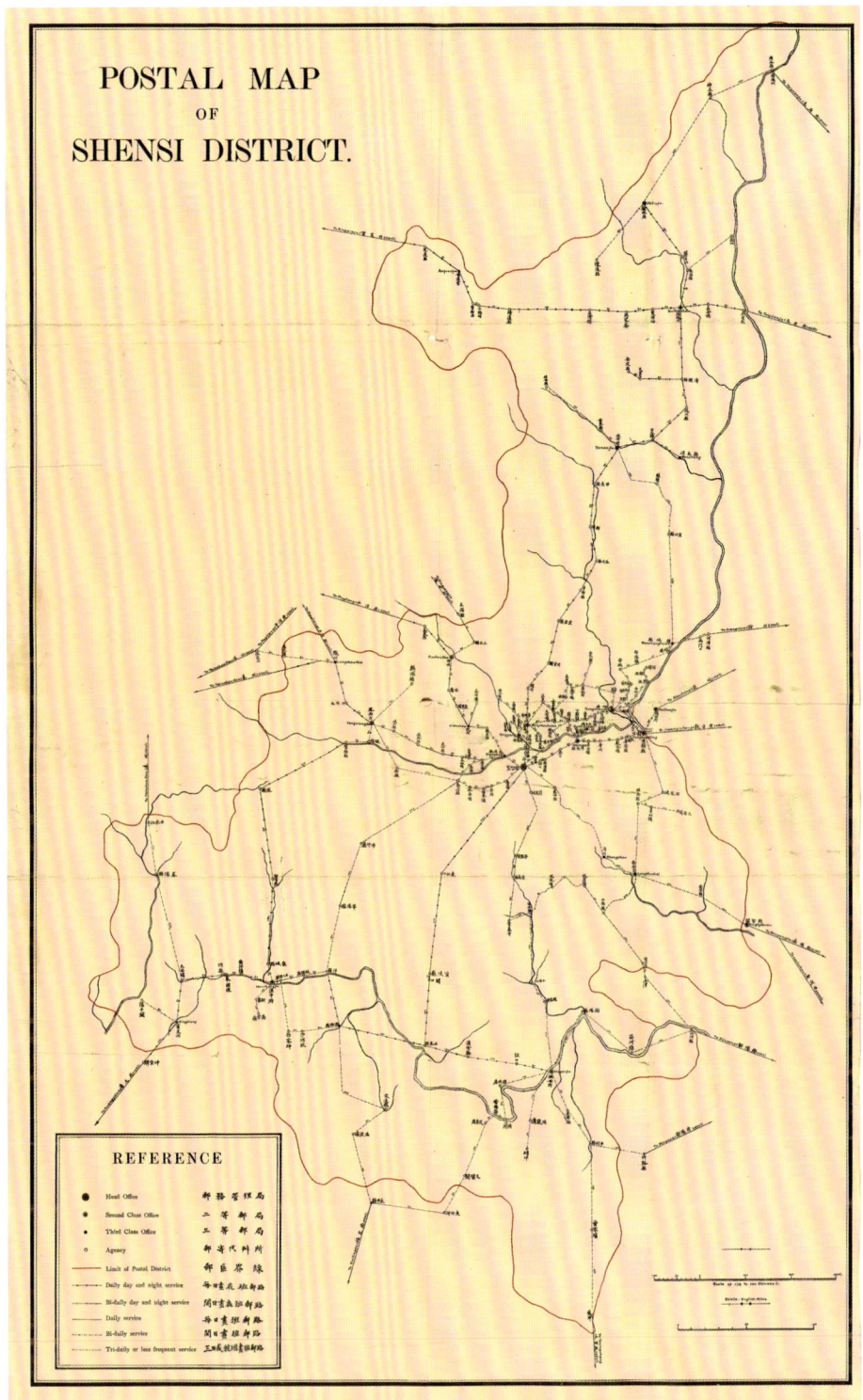

《陕西地区邮务图》

尺寸：长58.6厘米，宽93.7厘米

双语单色地图，为邮政专用地图。

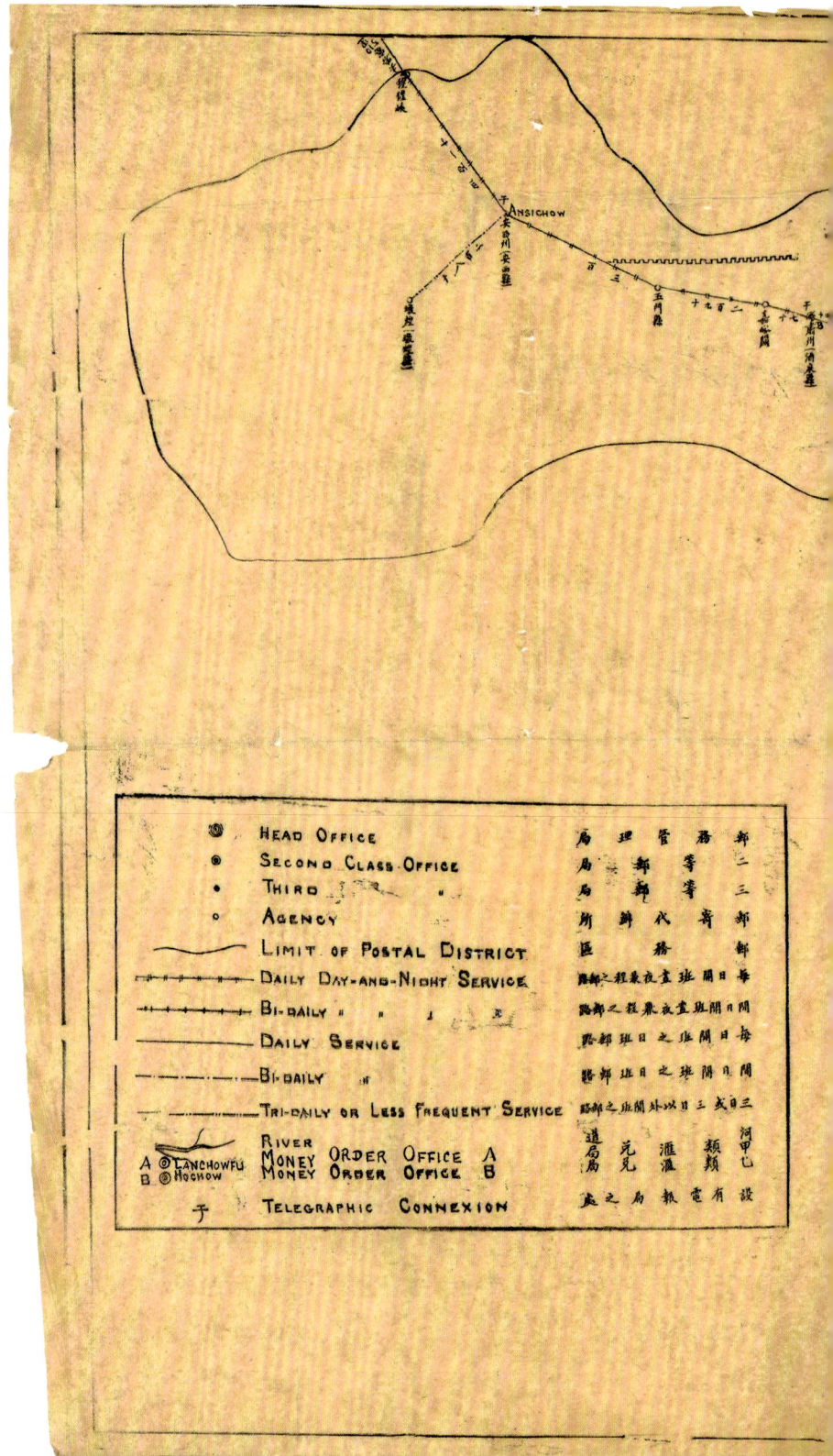

《甘肃邮务区全图》

尺寸：长85.5厘米，宽56.5厘米

　　双语单色地图，为邮政专门地图。

圖全區務郵肅甘

THW 1872

POSTAL MAP
OF
KANSU PROVINCE

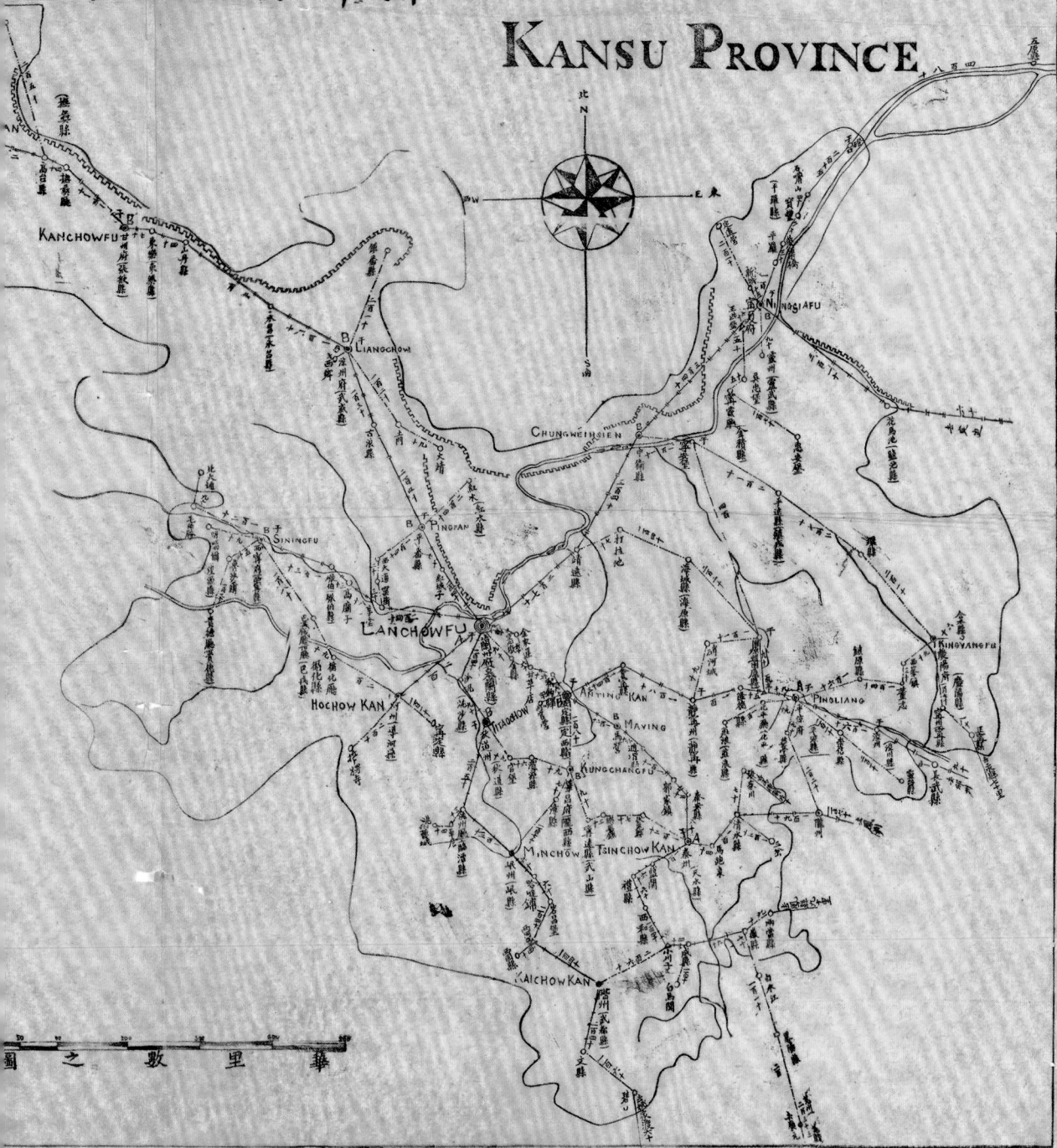

北 N

西 W ✦ 東 E

南 S

KANCHOWFU

B LIANGCHOW

CHUNGWEIHSIEN B

NINGSIAFU B

B SININGFU

B PINGFAN

KIOYANGFU

LANCHOWFU

HOCHOW KAN

ANTING KAN

PINGLIANG

MIAOGTOW

B MAYING

B KUNGCHANGFU

MINCHOW TSINCHOW KAN A

KAICHOW KAN

圖 之 數 里 華

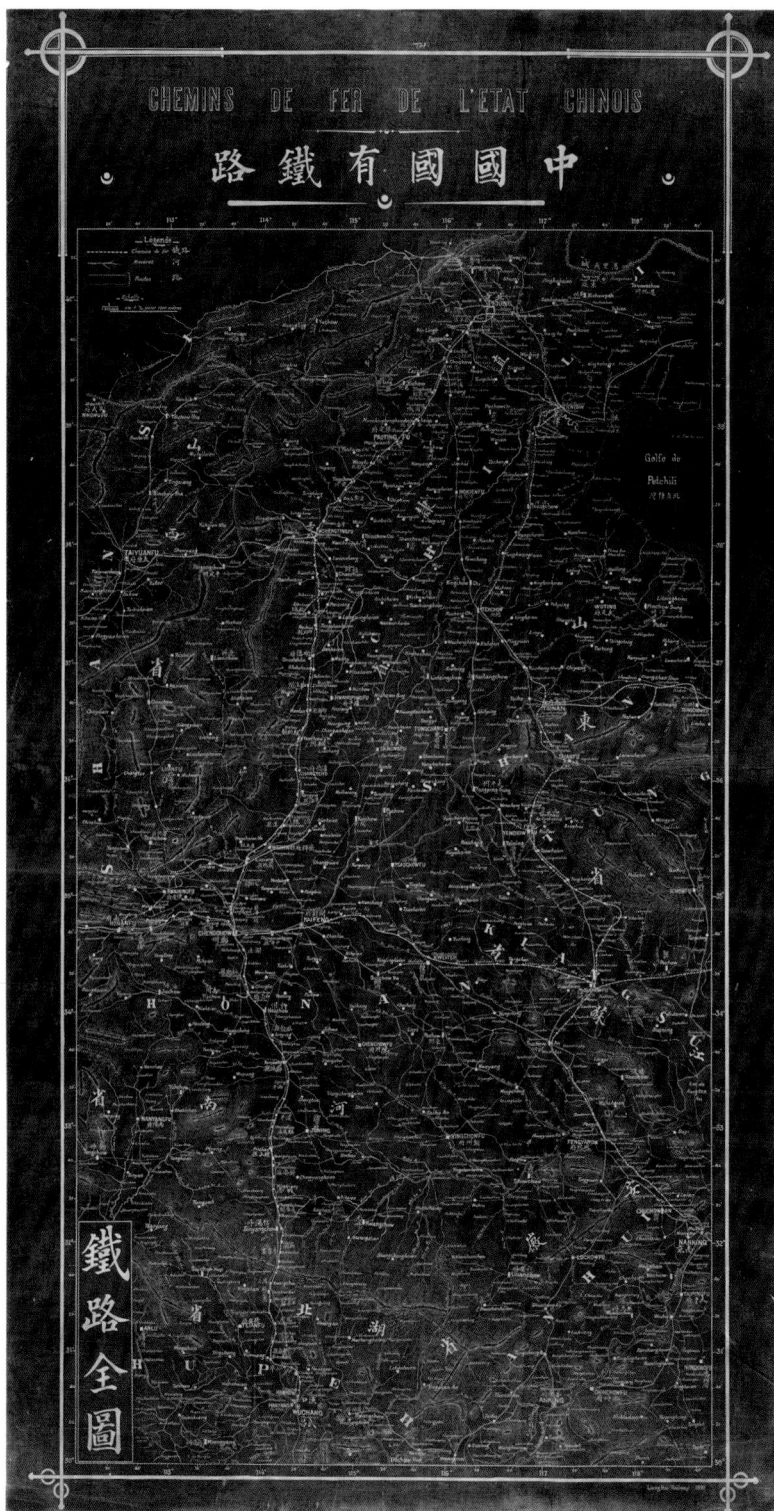

《中国国有铁路铁路全图》

尺寸：长104.3厘米，宽55.5厘米

双语地图。

《河北省河道略图》

尺寸：长 79.8 厘米，宽 97.5 厘米

双语单色地图。

《直隶省地图》

尺寸：长60.5厘米，宽77.3厘米

英文彩色地图。

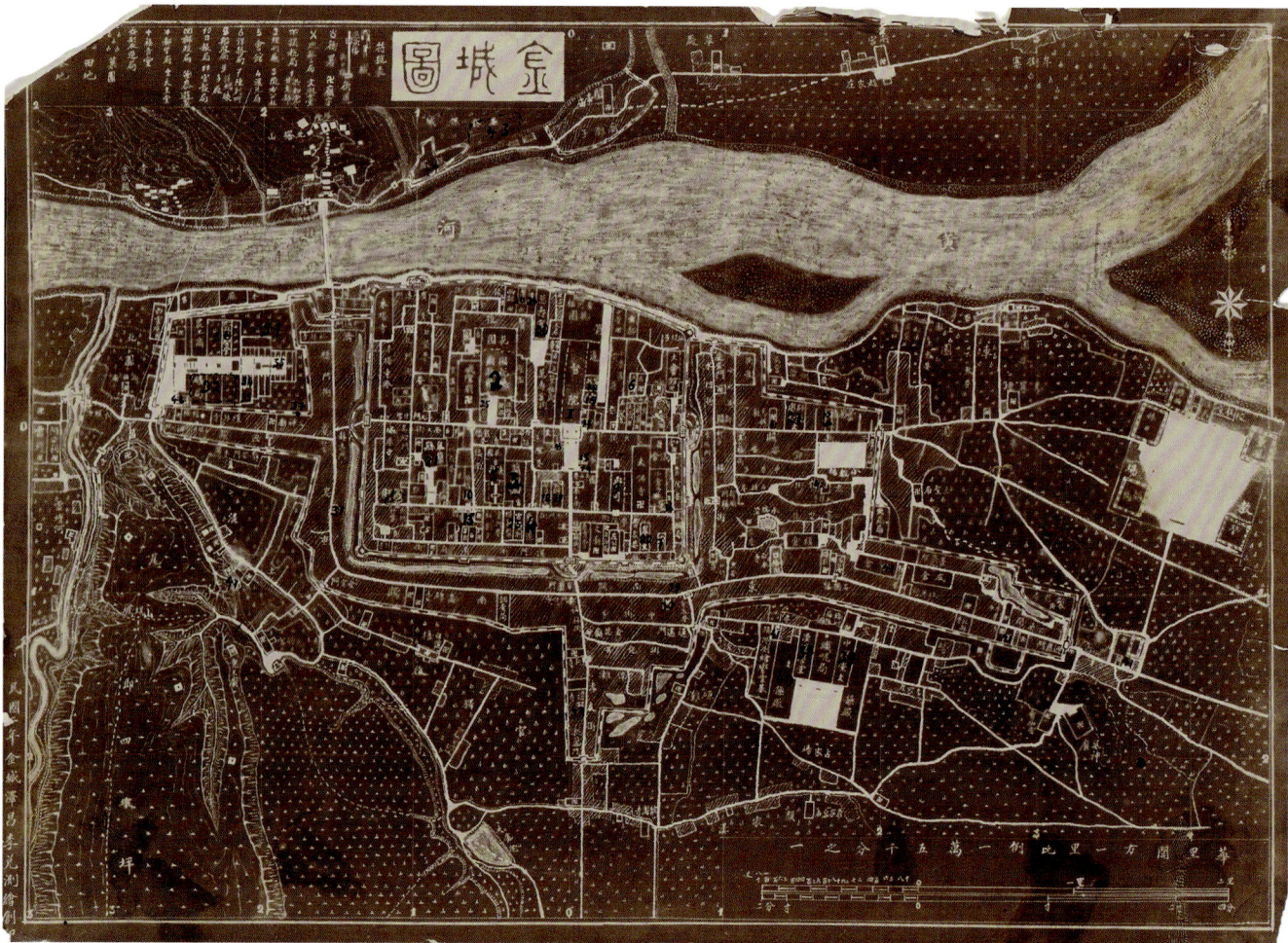

《金城图》

尺寸：长21.4厘米，宽30.8厘米

中文地图。

《陇东陇南山河图》

尺寸：长55.1厘米，宽80厘米

　　法文地图。

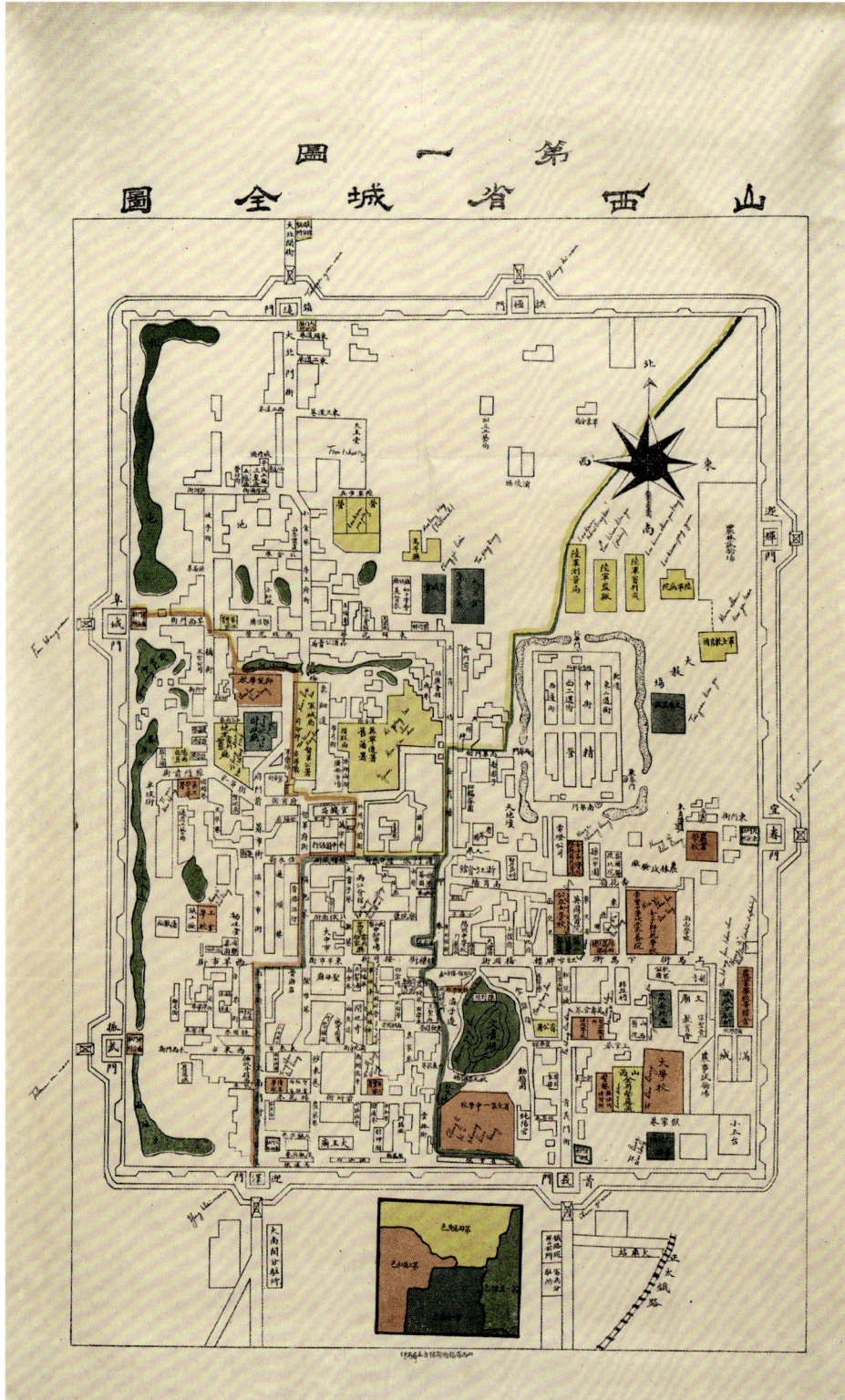

《山西省城全图》

尺寸：长67.5厘米，宽41.8厘米

双语彩色地图。

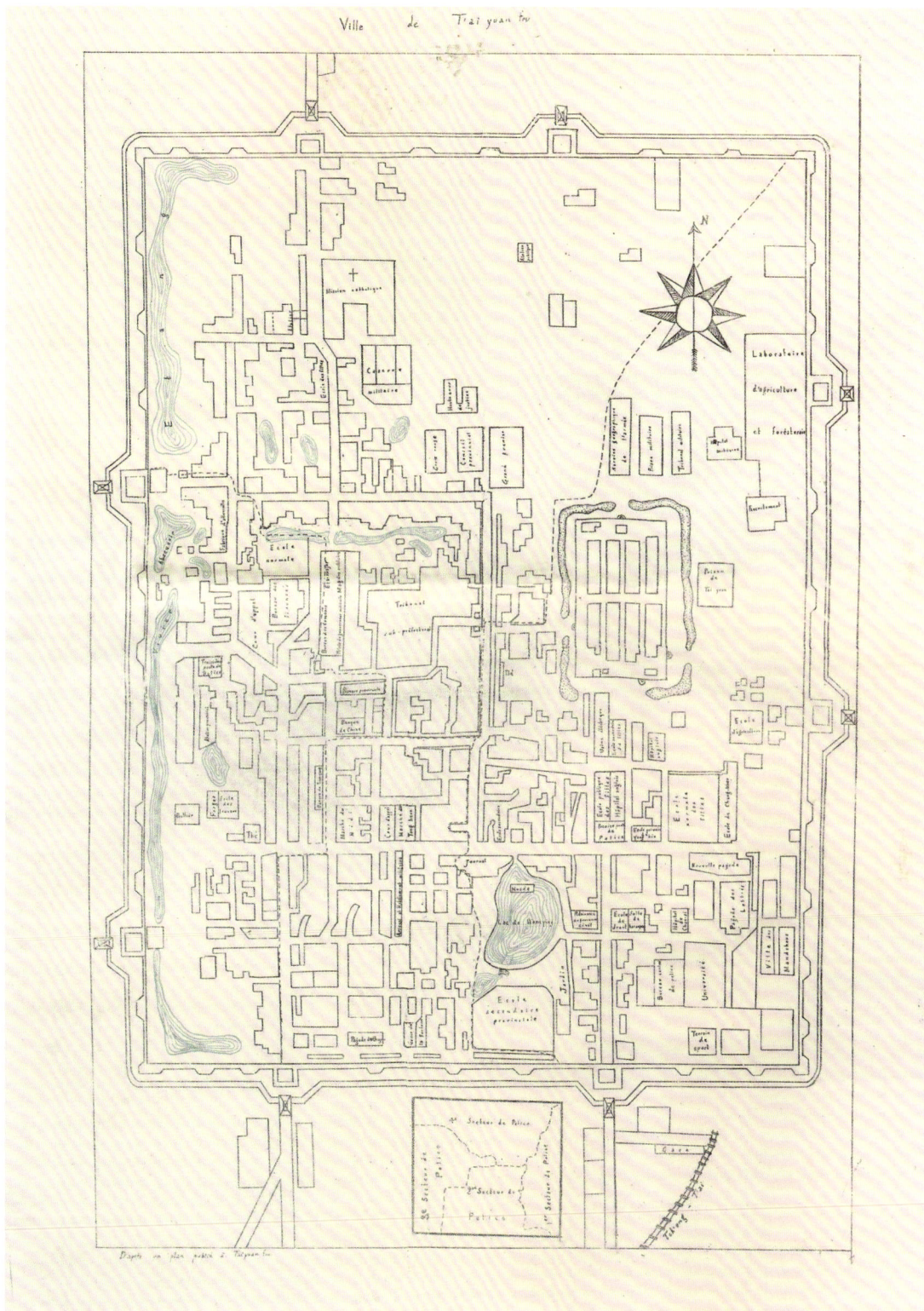

Ville de T'ai yuan fou

《太原府城图》

尺寸：长55.1厘米，宽80厘米

　　法文地图。

照片

　　桑志华来华 25 年间（1914—1938），总行程 5 万公里的科学考察期间拍摄了 9000 余张照片。除了沿途拍摄的地质、地貌、河流、植被等照片外还拍摄了许多途径地区的民俗风情照片，留下了珍贵的历史资料。本书选取了《黄河流域十年实地调查记（1914—1923）》和《黄河流域十一年实地调查记（1923—1933年）》中 106 张科考照片，以及少量的纸质照片和插图，以考察时间轴为线，将百年前中国北方腹地的人文风俗生动地展现在大家面前。

　　超过 9000 张关于地理、地质学、人类学、工业、植物学、动物学等主题的照片。

——桑志华《北疆博物院院刊》第 39 期

畜力车　1914年4月，摄于河北献县

1914年4月，桑志华在献县张家庄附近考察时
的交通工具——畜力车，这种马车在献县常见。

各种农具　1914年4月，摄于河北献县

1914年4月，桑志华在献县考察时记录了当时献县地区使用的各种农具。

钉齿耙

播种机

锄头

镰刀

石碾（石磙）

连枷 1914年10月，摄于山西太原

　　1914年10月17日，桑志华回太原府的路程中，见到了连枷，这是一种用来打燕麦的农具，在山西和甘肃西部常用。

陶瓷制作中心 1914年11月，摄于山西晋中

1914年11月，桑志华参观了晋中陶瓷制作中心（山西中部主要的陶瓷制作作坊），主要制作大型器皿，如缸、坛、罐子等。

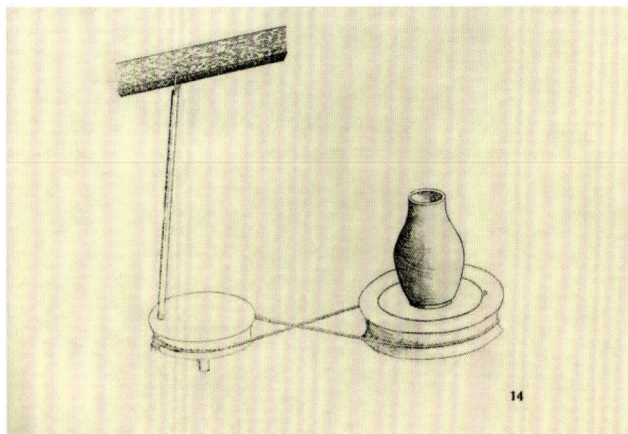

陶器制作图示（《黄河流域十年实地
调查记·第一册》第105页插图）

杨村浑河三角洲的小河及河床（天津永定河附近）

1915年8月，彭皮南（Pompignan）先生摄于杨村浑河三角洲

河边的人们

收割芦苇　1915年8月，摄于杨村

在芦苇田里耙芦苇

露天餐馆 1915年11月，摄于杨村

雪橇 1915年11月，摄于杨村

横水镇碑楼群　1916年5月，摄于山西绛县

山西绛县横水镇附近的碑楼。

喂子坪的典型建筑——干草屋顶 1916年8月，摄于陕西

喂子坪运房梁和棉花的人 1916年8月，摄于陕西

西安府城门 1916年8月，摄于陕西

搬家的车队，车上装满了物品 1917年7月，摄于北京

谢家堡警察局长一家 1917年7月，摄于河北

　　谢家堡警察局长一家，女人们穿着传统服饰，奶奶抱着
孙子。

正在搭建蒙古包　1917年8月，摄于今内蒙古

1917年8月，桑志华穿行蒙古途中，第一次见到搭建中的蒙古包。这是一个蒙古族小村庄中的人家在为新婚的儿子搭建蒙古包。搭建好的蒙古包和父亲所住的蒙古包外观一样。

搭建蒙古包

建好的蒙古包

直隶平原大洪灾 1917年10月，摄于天津

1917年10月，天津和整个直隶平原发生大洪灾。各地受灾严重，人们纷纷开始各种抗灾行动。

积水的大沽路

法国陶瓷厂完全处于 1—2 米深的水中（Julien 摄影）

建造的堤坝

西开运河上运行的八台蒸汽水泵

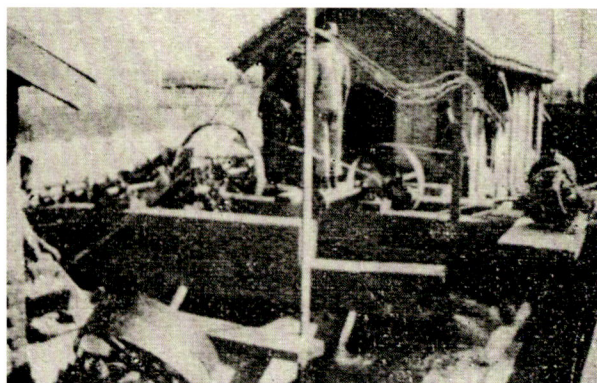

链式提水机

全速运转的涡轮泵

在德租界旁边的难民营，共 26 排 858 间，可容纳 5000 人。难民营的房间，用芦苇建造，窗户糊纸。

乘船赴献县 1917年11月，摄于永定河

老城区街道　1918年1月，摄于天津

　　这是一个完整的世界，一个浓缩的华人世界。到处是精美的铜器（见图1）、锡器（见图2）和中国的刀剪制品的货架，有人用桌子来摆，还有些人就摆块手绢在地上，讲着精彩的冒险故事（见图3）。我数了数，在城东和城北，有这样的店铺作坊共35间；还有看手相的人，掷骰子的人，讲书的人，讲道的人，法师，用纸牌算命的人，等等；顾客盈门。

　　在北马路上有鸟市（见图4）。这里也卖蝈蝈笼子；笼子是用小西葫芦制成的；人们给小西葫芦套一个空心的模子，模子里有装饰花纹，让它在里面长大，花纹就印在了西葫芦上。再给空的西葫芦盖上一个有回形镂空的盖子。再加上烙花（见图5）。中国人冬天就把蝈蝈放在这些小容器里，放在袖子或袍子里。

——桑志华的记录

图1

图2

图3

图4

图5

木制碎土机 1918年5月，摄于陕西榆林

　　1918年5月22日，桑志华在陕西榆林考察时，见到了原始的木制碎土机。

窑洞客栈 1918年5月，摄于陕西榆林

　　1918年5月，桑志华在陕西榆林见到了当地的窑洞客栈，就是在黄土层里挖的窑洞，外面是砂岩石墙面。

基督教会孤儿院的蒙古族女孩

1918年5月，摄于今内蒙古鄂尔多斯

　　1918年5月，桑志华考察红柳河途中，途经西部一基督教会管理的孤儿院。蒙古族小女孩们（包括照片中的三个）为桑志华等人演唱了几首蒙古族歌曲。

蒙古族人 1918年5月，摄于今内蒙古鄂尔多斯

1918年5月30日，桑志华在鄂尔多斯南部考察时，在日志中描述了一些蒙古族官员及盛装妇女的形象。

蒙古族官员和他的家人

鄂尔多斯已婚女性

盛装的部长夫人

背影

黄河岸边 　1918年6月，摄于甘肃靖远

　　1918年6月28日，桑志华在甘肃靖远黄河岸边考察，见到了许多独具特色的风物。

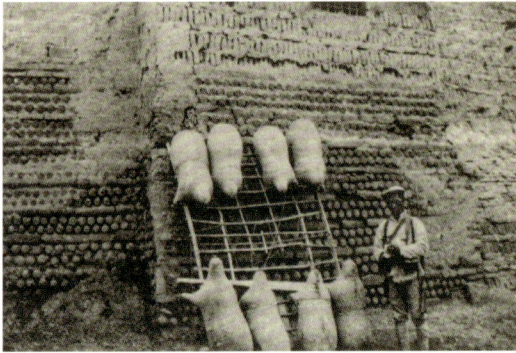

羊皮筏子

水车

盛放菜籽的葫芦　　1918年8月，摄于甘肃凉州

　　1918年8月，桑志华停留并参观了凉州市，照片中是一个卖粮种菜籽的小贩，他用大葫芦做盛放菜籽的容器。

墓地　1918年8月，摄于甘肃凉州

1918年8月，桑志华在凉州藏家庄西边拍到的当地特色墓地，圆形的坟墓上覆盖卵石，设有祭坛和一块石板。

石井 1918年8月，摄于甘肃凉州

　　1918年8月，桑志华在凉州拍到了城市里的井，这些井都围着石井栏，这是当时桑志华在中国没有见过的；这种构造是由坚固的工字钢制成的。

盛装的妇女

1918年8月，摄于甘肃武威

　　1918年8月，在甘肃武威的谢家台，桑志华拍摄到一个戴着无边毡帽的妇女，头发编成许多小发辫，装饰着红珊瑚、海贝壳和螺钿圆盘。

山羊皮帐篷和藏族妇女

1918年8月，摄于甘肃古浪

　　1918年8月，桑志华在甘肃古浪安远堡附近考察时见到了一些藏族人的帐篷。多是白布做成的，形状非常普通。最大的一个帐篷是黑色的，具有藏族风格，由山羊皮制成，有四面，两个宽面开口。

收割青稞的土族妇女

1918年8月，摄于今青海互助县

1918年8月，桑志华在青海互助县李家坪，见到了土族妇女们正在收割青稞。这些妇女的发型很有特色，由铁丝和铜制成构架，红布和蓝布包裹在外而成。

扎隆寺喇嘛 1918年8月，摄于今青海互助县

1918年8月，桑志华参观了青海互助县扎隆寺。

收割场景　1918年9月，摄于青海乐都

1918年9月，桑志华在青海乐都西北看到了粮食收割的场景。两道绳索扎住粮食，把秆子根部放到两头，再把这些成捆的粮食摆放成长长的一排。

赶驴的藏族妇女

1918 年 10 月，摄于甘肃夏河

　　1918 年 10 月，桑志华在甘南夏河见到了几个赶着驴子的当地藏族妇女，她们正在运输麦秸和柴火，她们的首饰很奇怪，用红色和绿色的带子搭配装饰，这样的梳妆需要用 13 根带子，其中有 7 根为横向排列。

塔尔寺大经堂的"辩经"仪式

1919年2月，摄于青海西宁

塔尔寺祭坛前的祷文仪式

1919年2月，摄于青海西宁

塔尔寺寺院事务处，祭坛前的祷文仪式，伴有锣、大鼓、钹的伴奏。

塔尔寺寺院事务处，祷文仪式上，戴着白色面具的人

手工劳动的孩子们 1919年4月，摄于甘肃徽县

1919年4月，桑志华在甘肃徽县参观了当地的救助会，见到了孩子们正在手工劳动，这些孩子们负责纺纱和制造稻草与麻绳底的草鞋。

纺纱

编草鞋

白音村妇女富有特色的发型

1919年5月，摄于甘肃天水

1919年5月，桑志华在甘肃天水的白音村见到了当地妇女有特色的发型，头发向上卷曲成弯角形。

求雨仪式

1919年5月，摄于甘肃天水

牛车　1919年7月，摄于今内蒙古包头

　　1919年7月，桑志华在内蒙古包头附近，遇见了一些新样式的牛车。车轴很低，承担着两个车轮的重量，这两个车轮是用整块的、很强韧的一种交叉型的木头做成的。

黄河岸边乘船 1919年7月，摄于今内蒙古包头

1919年7月，桑志华从内蒙古包头返程时在黄河边乘船，特地拍摄了他乘坐的船停在黄河上的情景。

参加婚礼的盛装妇女

1919年8月，摄于今内蒙古包头

　　1919 年 8 月，桑志华在内蒙古包头五圣公村拍到了为参加婚礼而盛装的妇女们，许多人的手腕上都带着一个白铜或是银质的环。为了参加婚礼，妇女们都穿上了她们借来的华贵耀眼的衣服。

一座小庙

1919年10月，摄于辽宁朝阳

　　1919 年 10 月，在庄头营子村北，桑志华等人看到了一座小庙，整个庙都是用砂岩修建的。

货轮下水仪式 1919年11月，摄于天津

航运港口 1919年12月，摄于天津白河（海河）

来拍照的蒙古族妇女

1920年5月，摄于陕西榆林

望海楼教堂 1921 年 6 月，摄于天津

望海楼教堂

教堂前的沟渠

蒙古族婚礼　1922年9月，摄于今内蒙古萨拉乌苏

　　1922年9月5日，桑志华在返回萨拉乌苏河的旅程中，拍到了一张婚礼队列的照片，带着面纱的新娘站在两个媒人中间，妇女们都穿着装饰着银片的正装；第二张是其中一个女人和她丈夫的合照；第三张是婚礼仪式进行完之后，收到一份蒙古族风情的礼物——一头去了四肢的公羊和加了盐的烧酒；接下来人们会将羊额头上的肉切成小块，所有献上去的东西都会被吃掉。

婚礼合影

参加婚礼的夫妻

收到的烤羊

纺线的村民 1923年6月，摄于今内蒙古五原

1923 年 6 月 27 日，村民们在这里用山羊毛织成各种袋子。

张家庙前的敖包

1923年6月，摄于今内蒙古五原

　　1923 年 6 月，在内蒙古五原县的考察中，遇到了一个很有特色的小山丘（敖包）。

敖包　　1924年6月，摄于今内蒙古达里诺尔西

1924 年 6 月，桑志华去离营地较远的敖包。

瓦厂 1924年10月，摄于天津

小瓦厂旁边的一个1.5米
的告示，上面说京津线的
飞机场刚修好，可以使用
几个月

冰钓 1925年，摄于天津

天津冰钓

引入鱼网

拖鱼网

挖掘鱼网的出口

鱼网的出口

搜索被卡住的鱼网

小庙　1927年5月，摄于辽宁连山

1927年5月，桑志华从营地北行的路途中，见到一座很漂亮的小庙，是用侏罗纪时期的砂岩建造而成的，砂岩雕刻出来的庙顶使小庙极具地方特色。

圣敖包（康熙皇帝建）

1927年6月，摄于河北围场

千山无量观道士

1928年，摄于辽宁

大连港口

1928年，摄于辽宁

埠头区对角街和中国街

1928年8月，摄于黑龙江哈尔滨

    1928年8月7日，桑志华在哈尔滨埠头区，商业占地很多，尤其是对角街和中国街。

朝鲜族人家 1928年8月，摄于黑龙江帽儿山

1928年8月10日，桑志华在赴帽儿山的远足途中造访了一个朝鲜族人家，这是桑志华第一次拜访朝鲜族人。

他们居住的房子非常小，土坯房，秸秆顶；所有东西都挤在这个小窝棚里：人、鸡、猪，等等；还有柴火、劳动工具、粮食等。

碾米的臼，由一个纵向挖开的砧和一个木制的臼槌组成，臼槌长两米。

屋主是个很英俊的男人，五个孩子的父亲，这是个令人愉快的家庭；孩子们都很活跃，特别可爱，尤其是最小的孩子。家中还可看到一个稻草编的厚席子，既是卧具也是坐垫。

——桑志华的记录

居住的小窝棚

碾米的臼

幸福的一家人

父母和最小的孩子

汉族人的房舍

1928年8月，摄于黑龙江帽儿山

　　1928年8月，在拜访朝鲜族人家的同时，桑志华在谷中拍到了最富有的汉族人的房舍：土坯房、秸秆顶、篱笆墙。院子里有井、磨坊、饲料槽、筐、水壶、小车，等等。

繁忙的牡丹江渡口

1929年5月，摄于黑龙江敦化

　　1929 年 5 月 15 日，桑志华在距敦化不远的牡丹江一渡口拍到了从森林里砍伐下来的树干被捆成堆，随着吆喝声一扎扎的被拉入水面排放，由一个拿带钩长篙的人站在上面掌握方向和平衡，运往火车站。这些人像杂技演员一样能很好地掌握这些"木舟"。在这里到处都能听到"哟喂"的号子声。

柳条编织的篱笆 1929年5月，摄于黑龙江阿城

　　1929年5月，桑志华此行在阿城的第三天，看到附近的农庄四周都是用柳条编织的篱笆，屋顶上盖的是麦杆和稻草，农庄的正门也都是用柳条编制的。

架架山农场小屋和谷仓 1931年8月，摄于今内蒙古集宁

　　1931年8月，桑志华在内蒙古集宁附近的农场：农场中的几所小屋的墙和屋顶全是石头的，院子的围墙也同样是石头的；农场上还有六个圆形的谷仓，仓顶是圆锥形的，同样也是石头构建的。

捞冰 1933年，摄于天津

人们用捕鲸鱼叉将冰叉上来

用绳子把冰块捆在四轮运送板上

将冰拉上斜面

采集的冰储存在远处的冰窖里

圈养的梅花鹿　1933年，摄于天津

法租界难民营　1933年4月，摄于天津

难民营中，人们用木杆和席子建了一座简陋的大房子，大家挤在里面睡觉

法租界肥料工厂的工人

法租界难民营

版画

　　宫廷铜版画是北疆博物院的收藏门类之一，共收藏了14幅版画，包括《（乾隆御题）平定西域得胜图》组图中的12幅、《皇帝春耕图》1幅、《童叟宴》1幅。

　　宫廷铜版画是清代绘画的一个独特画种，由传教士画师主笔，绘画风格"西画为本、中华画为用"，主要内容为战争、园林风景、地图三类。宫廷铜版画由画师创作底稿，然后依据原底制成铜版，再印刷成铜版画。成稿后的铜版画与原稿有相对明显的区别。宫廷铜版画经历了康熙、乾隆、嘉庆、道光四朝，乾隆时期达到鼎盛。

《平定伊犁受降》

质地：纸

尺寸：长48.6厘米，宽63.3厘米

组图第一幅，展示的是兆惠军队进入阿睦尔撒纳部族接受臣服的场景。

《格登鄂拉斫营》

质地：纸

尺寸：长48.6厘米，宽63.3厘米

　　组图第二幅，展示的是阿玉锡夜袭达瓦齐阵营大胜的场景。

《鄂垒扎拉图之战》

质地：纸

尺寸：长48.6厘米，宽63.3厘米

    组图第三幅，展示的是清军荡平一处叛军的营地。

《和落霍澌之捷》

质地：纸

尺寸：长48.6厘米，宽63.3厘米

　　组图第五幅，展示了兆惠将军和策布登扎布等在和落霍澌追击并战胜叛军的场景。

《乌什酋长献城降》

质地：纸

尺寸：长48.6厘米，宽63.3厘米

    组图第六幅，展示了1759年在乡村城墙下举行的一次会议。

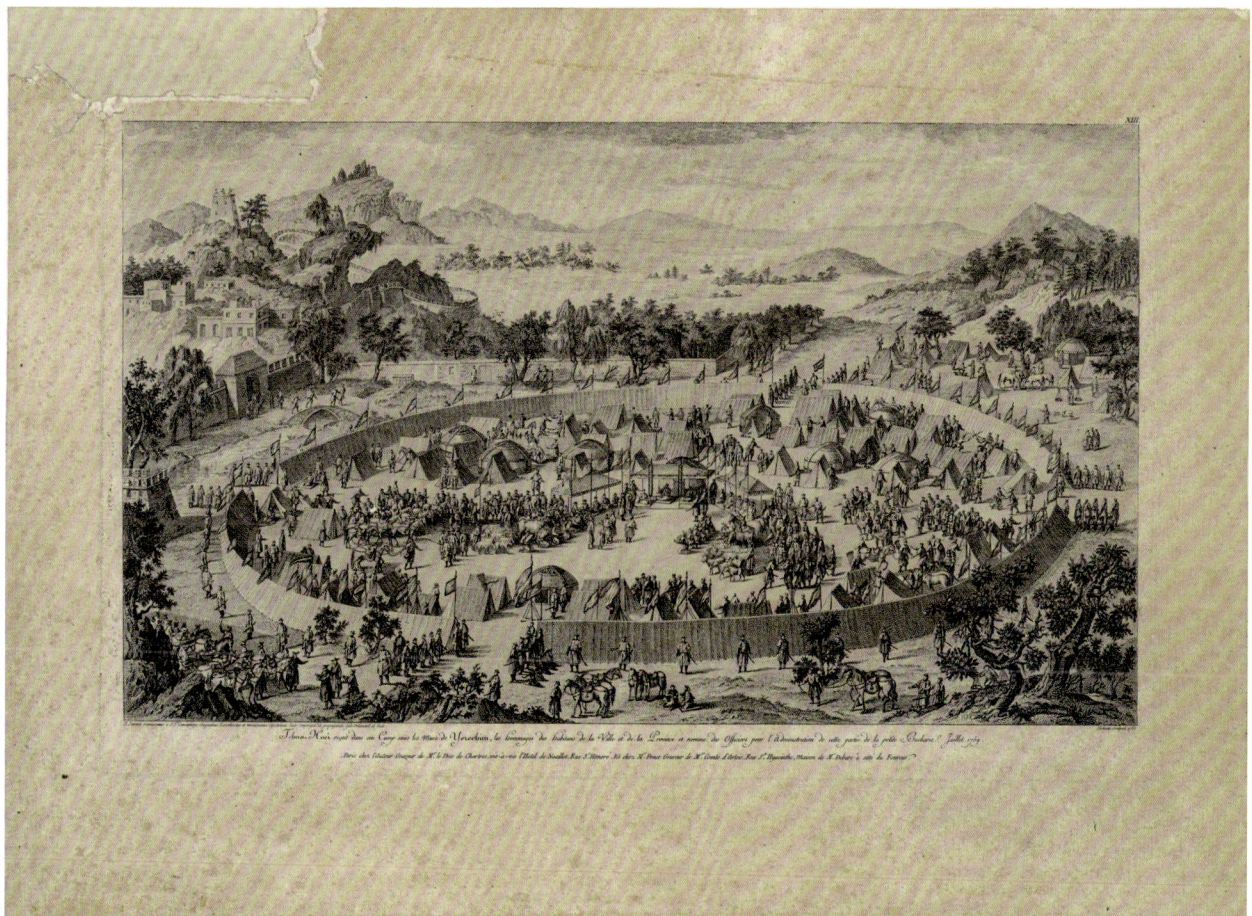

《通古思鲁克之战》

质地：纸

尺寸：长48.6厘米，宽63.3厘米

　　组图第七幅，展示了1756年阿睦尔撒纳部族被征服的情景。

《呼尔满大捷》

质地：纸

尺寸：长48.6厘米，宽63.3厘米

　　组图第九幅，展示了1757年阿睦尔撒纳部族在行军时遇到皇帝派遣的兆惠部队的场景。

《阿尔楚尔之战》

质地：纸

尺寸：长48.6厘米，宽63.3厘米

　　组图第十幅，展示的是1759年9月1日的战斗。画面描绘了清军合围追杀，敌军一派望风而逃的场景。

《伊西洱库尔淖尔之战》

质地：纸

尺寸：长48.6厘米，宽63.3厘米

　　组图第十一幅，展示的是1759年由皇帝派遣的兆惠部队、富德部队与和卓叛军的第一次交战。

《霍斯库鲁克之战》

质地：纸

尺寸：长48.6厘米，宽63.3厘米

　　组图第十二幅，展示的是1758年兆惠军队获胜之战。

《扳大山汗纳款》

质地：纸

尺寸：长48.6厘米，宽63.3厘米

　　组图第十三幅，展示的是1758年末在乡村举行
的军事演习。

《效劳回部成功诸将士》

质地：纸

尺寸：长48.6厘米，宽63.3厘米

　　组图第十五幅，展示了皇帝为兆惠军队举办的加封仪式。

《皇帝春耕图》

质地：纸

尺寸：长48.6厘米，宽63.3厘米

中国自古以来注重农耕，多数朝代实行重农抑商政策，经常劝课农桑，鼓励农业生产发展，皇帝为表重视会举办仪式，亲自春耕。这一庄重盛大的仪式源于汉文帝（公元前179年）时代，此后每年春天历代皇帝都要携众臣隆重举办春耕大典。

CÉRÉMONIE DU LABOURAGE FAITE PAR L'EMPEREUR DE LA CHINE,

《千叟宴》

质地：纸

尺寸：长48.6厘米，宽63.3厘米

　　乾隆五十年正月初六（1785年2月14日），适逢乾隆75岁，四海升平，天下富足。乾隆帝喜添五世元孙，为表示皇恩浩荡，在乾清宫举行了千叟宴。

FÊTE DONNÉE AUX VIEILLARDS PAR L'EMPEREUR KIEN-LONG, Le 14 Février 1785.

年 画

年画是北疆博物院收藏门类之一，本书展示了北疆博物院珍藏的年画10幅。

年画是中国的一种古老的民间艺术，反映了人民大众的风俗和信仰，寄托着人们对未来的希望。在漫长的岁月里，随着年节风俗的演变而衍生形成的一种中国民间特殊的象征性装饰艺术。年画起源于汉代，发展于唐宋，盛行于明清。清末出现了大量以历史故事、神话传说、戏曲人物、演义小说等为主要内容的作品。传统民间年画多用木板水印制作，主要用于新年时张贴。

一人一性百鸟百音

质地：纸

尺寸：长28.8厘米，宽48.2厘米

德兴画店印制

　　画中女子身着中式服装头戴西式小礼帽，身边环绕着各种小动物。

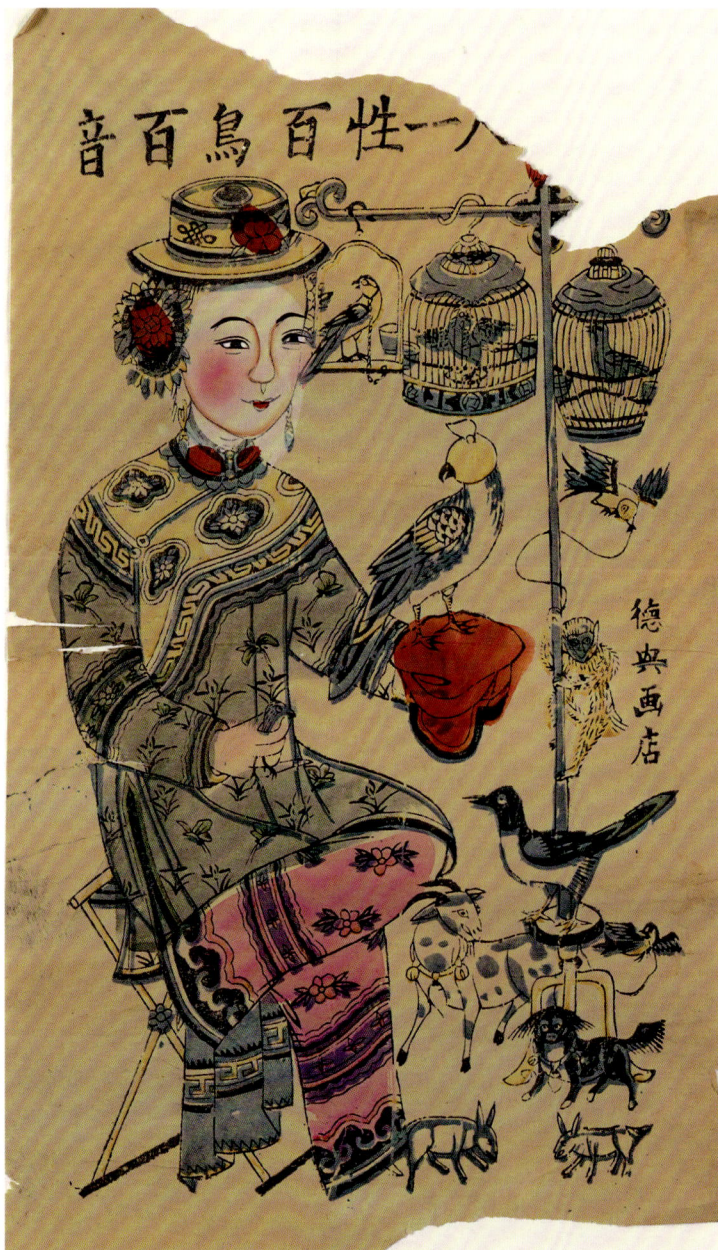

白水滩

质地：纸

尺寸：长45.8厘米，宽29厘米

兴隆成书店印制

《白水滩》又名《十一郎》《捉拿青面虎》，京剧传统剧目，取材于清朝传奇《通天犀》。

莲花湖

质地：纸

尺寸：长50.8厘米，宽34.8厘米

天津恒昌彩印局印制

　　京剧《莲花湖》是京剧中的传统武生剧目。又名《三侠剑》《收韩秀》，取材于评书《三侠剑》。

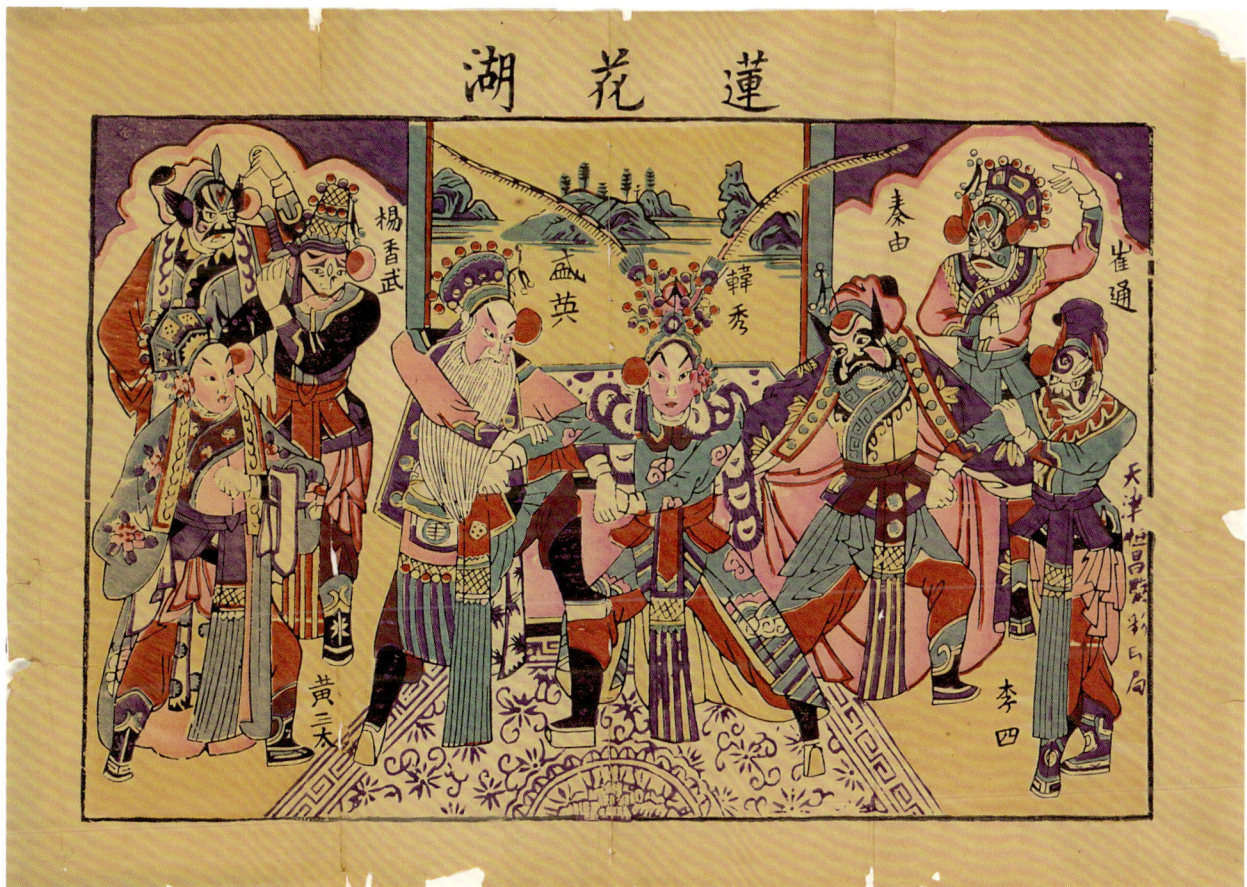

济公传全图

质地：纸

尺寸：长50.8厘米，宽34.8厘米

天津恒昌彩印局印制

　　全套年画共四张，描绘了济公游走天下，一路惩恶扬善、扶危济困的故事。北疆博物馆收藏了第一张和第四张，每张均为四个故事。

　　第一张：济公大破阴魂阵、修万缘孝公看隐诗、追妖道济公受困、赤发道法斗悟禅等。

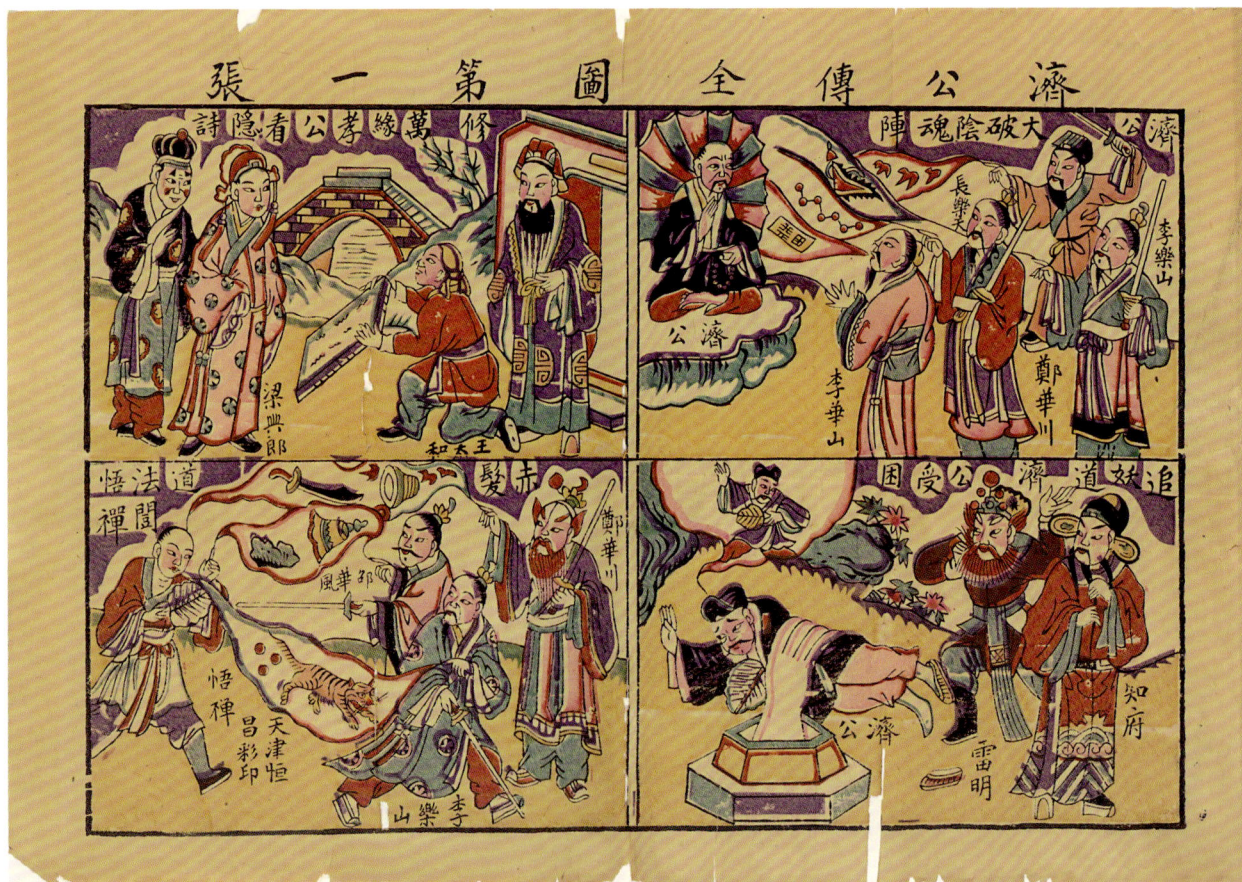

质地：纸

尺寸：长50.9厘米，宽34.6厘米

天津恒昌彩印局印制

第四张：暗访陈亮查巧遇华云龙、华云龙跪求杨明、三豪士偷探吴家堡、八卦炉佛法炼韩祺。

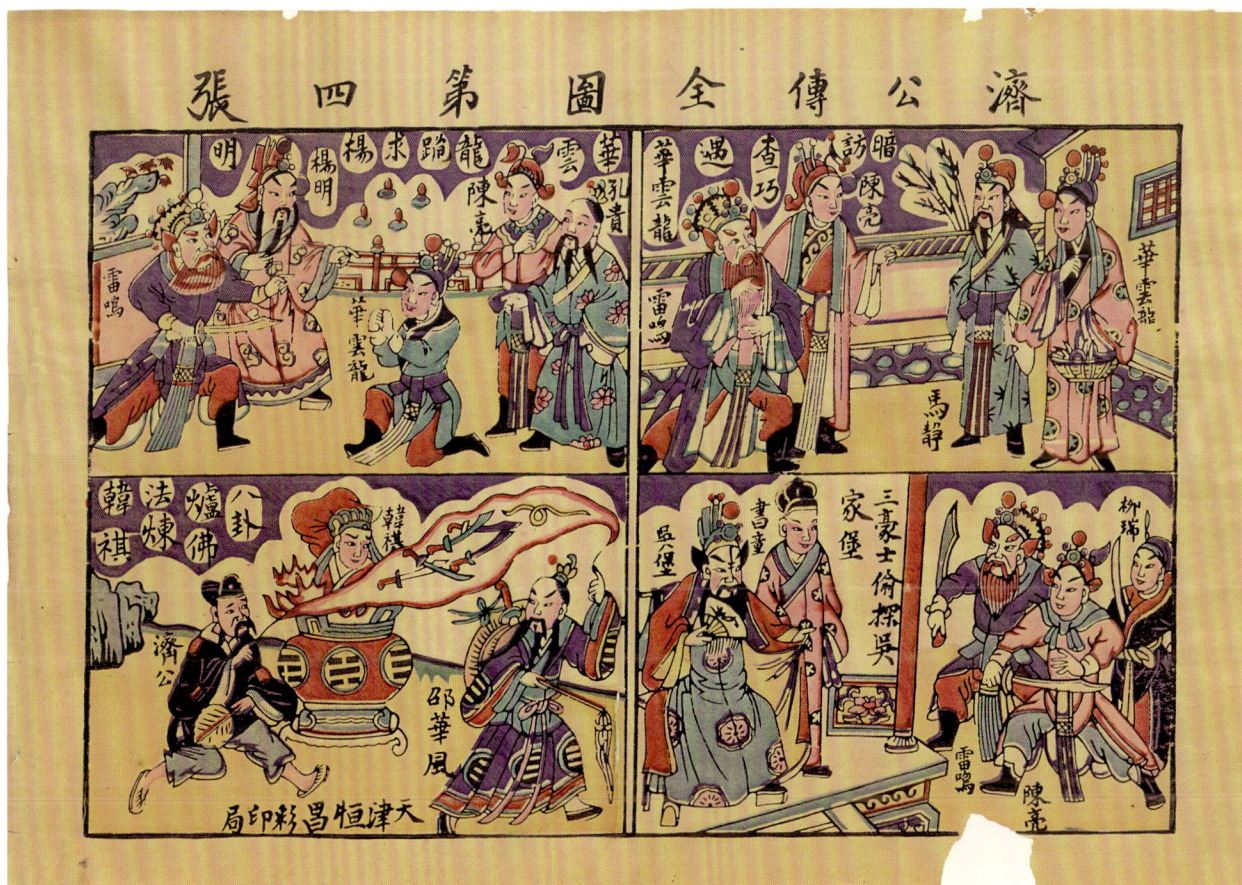

《三国演义》年画

质地：纸

尺寸：长50.3厘米，宽34.8厘米

天津恒昌彩印局印制

　　本图描绘了三国的八个故事场景：关羽刮骨疗毒、张松献川西、关羽战长沙、孔明计订金燕桥、苦肉计（周瑜打黄盖）、紫桑口（卧龙吊丧）、火烧汉阳（火烧赤壁）、曹操败走华容道。

质地：纸

尺寸：长51.1厘米，宽34.6厘米

天津恒昌彩印局印制

雷 打 庆 延 胡

卢凤英

欧子英

福顺兴画店

胡延庆

胡（呼）延庆打雷（擂）

质地：纸

尺寸：长48厘米，宽29.3厘米

福顺兴书店印制

　　《呼延庆打擂》为京剧故事，剧目改编自评书
《呼延庆打擂》。

万年富贵

质地：纸

尺寸：长47厘米，宽29.4厘米

  童子左手"万"字，象征万年。右手托元宝，象征富贵。左下角的风筝，寓意平步青云或春风得意。右下角芭蕉寓意了家大业大，团结和富贵。

欢乐得宝

质地：纸

尺寸：长42.9厘米，宽27.8厘米

钟合盛印制

　　这种题材在民间年画中占有很大比例，表达了人们早生贵子的良好愿望。

拓　片

　　碑拓是记录中华民族文献的重要载体之一。桑志华对中国各类石碑及碑文具有浓厚的兴趣，在其科学考察过程中，对沿途遇到的石碑及碑文进行了记录或拓印，在西安考察期间，还特地赴"碑林"进行了参观。本书展示了北疆博物院珍藏的拓片11件，拓片画面清晰，具有较高的史料价值。

至圣先师孔子林图拓片

质地：纸

尺寸：长106.5厘米，宽53厘米

　　这幅拓片记载了孔子的家族墓地，墓地位于曲阜孔庙以北约两千米处。孔林又称至圣林，在曲阜城北门外，占地3000余亩。

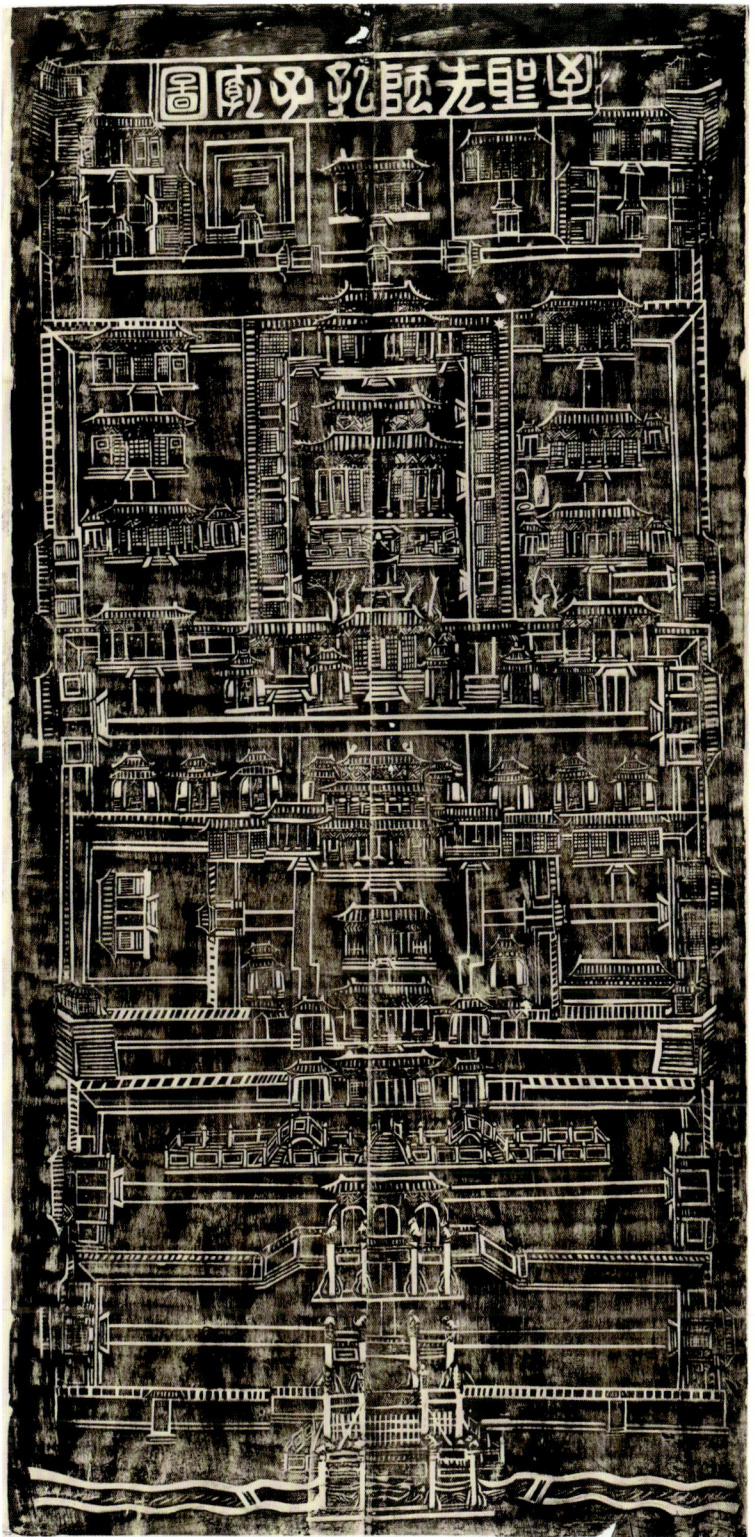

至圣先师孔子庙图拓片

质地：纸

尺寸：长106厘米，宽53.5厘米

　　孔庙是以孔子的故居为庙，以皇宫的规格而建。曲阜孔庙历经两千多年的增修扩建。从拓片里可见，庙宇沿一条南北中轴线展开组织。从拓片往上观看就能看到孔庙内最大的建筑和整座建筑的核心——大成殿。

泰山全图拓片

质地：纸

尺寸：长105厘米，宽63厘米

此碑为泰山全景图，左上角刻泰山全图四字。碑上描绘泰山平面图，并用文字标注自然景观和人文古迹。

太白全图拓片

质地：纸

尺寸：长189厘米，宽74厘米

在石碑右上角，隶书"太白全图"四个大字；左上角，刻大篇说明文字，注明立碑缘由和作者。此碑刻于清康熙三十九年（1700年），贾鉝绘图和书写文字，李士龙、卜世镌刻。展示了太白山的风光。此碑现藏于西安碑林博物馆。

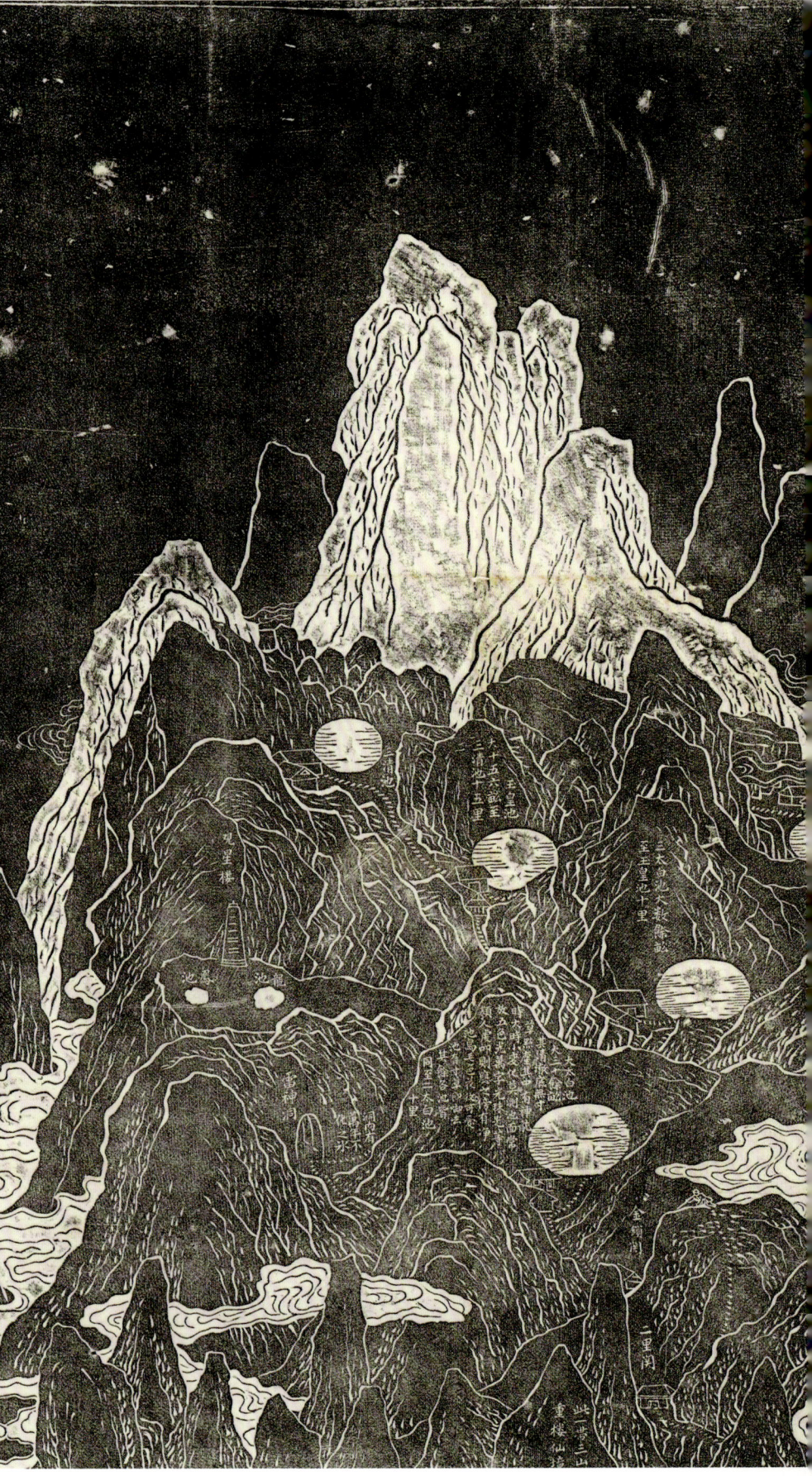

此余庚辰夏禱雨太白山歸雷為是圖也其山之玉深曲折屢圖所不及記中
悉刻在碑陰蹟之奇恠靈異屬記所雜形圖中表之合記與圖而山之形
勢可見即事之奇矣亦可見矣余好弄筆星北文詞之外每講者理見
勒諸碑版者類殊媚素因運里染翰畫購良工為太白存其小照盖自
朱士大夫罕造其顛亦莫之表章者即唐杜甫李白宗禊軾華
皆晶晶喜探奇宦遊玆地久矣亦未徑登陟而閑其面目千載之下余
獲蹍攀詆能置而不佚季凌之覽者按圖索記歷歷如覩誠佳話
云爾時康熙三十九年仲秋三秦觀察使河東賈銓并識

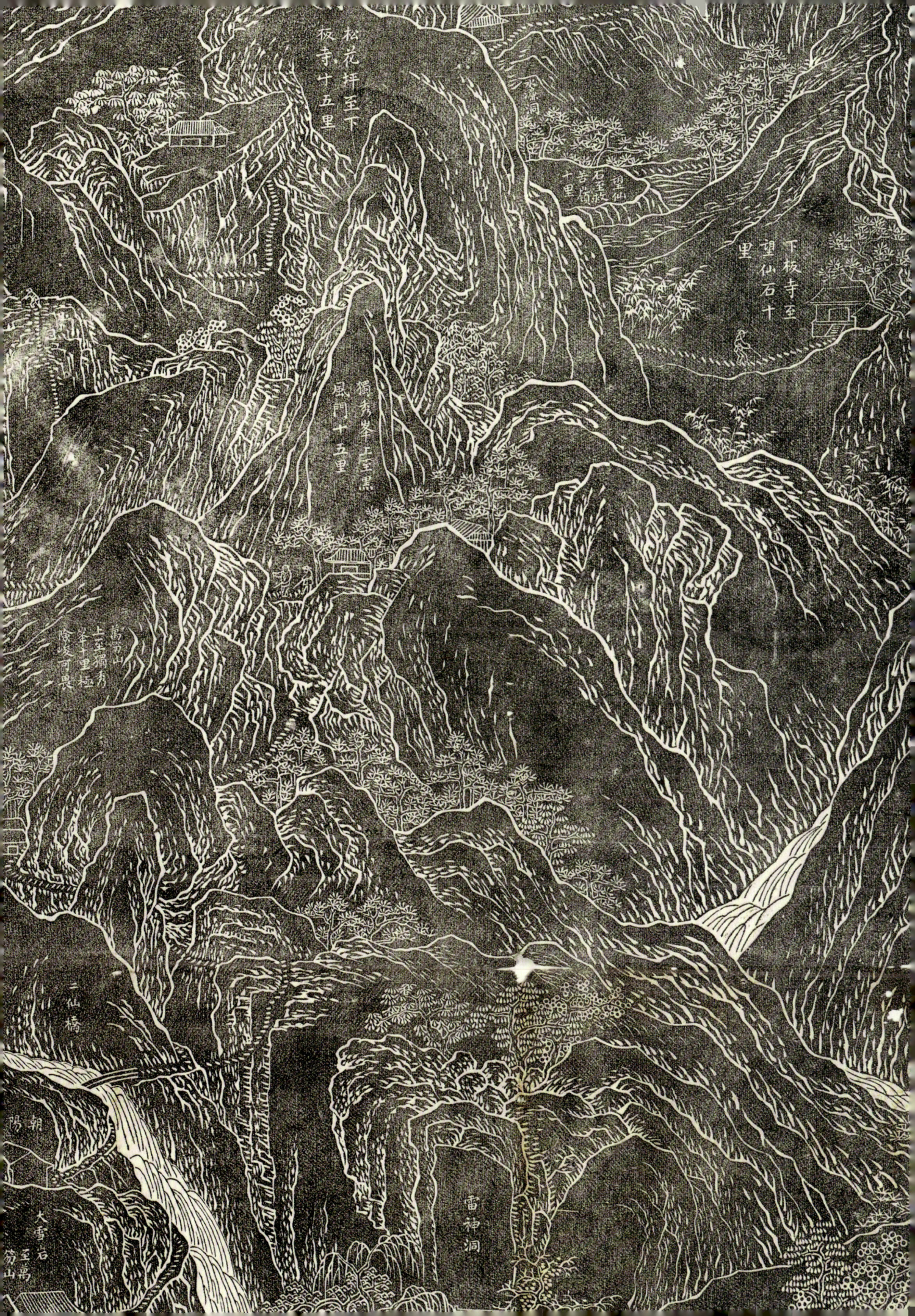

太华全图拓片

质地：纸

尺寸：长133厘米，宽70厘米

　　石碑右上刻"太华全图"四字；石碑右下刻"楚黄李士龙、青门卜世合镌"。碑上描绘太华山平面图，并用文字标注自然景观和人文古迹。此碑现藏于西安碑林博物馆。

峯於五嶽為極峻直上四十里緣鐵絙躋攀險哉在兹乘余
巡驛關中於己卯三月二十日毋難之辰親登兩峯作詩紀事
明年庚辰五月復覽先陽橋兩三宿梯厲前灌不啻塞示
熊肆眺乃及告神伐去亂木於是諸景畢露間為大觀出入
此史王弘撰以畀向上寧善圉余繪岳列石供茶大白山圖并傍
鳥瀆之覽者庶知山靈面目耳
是歲重九日三峯觀鰲使汀

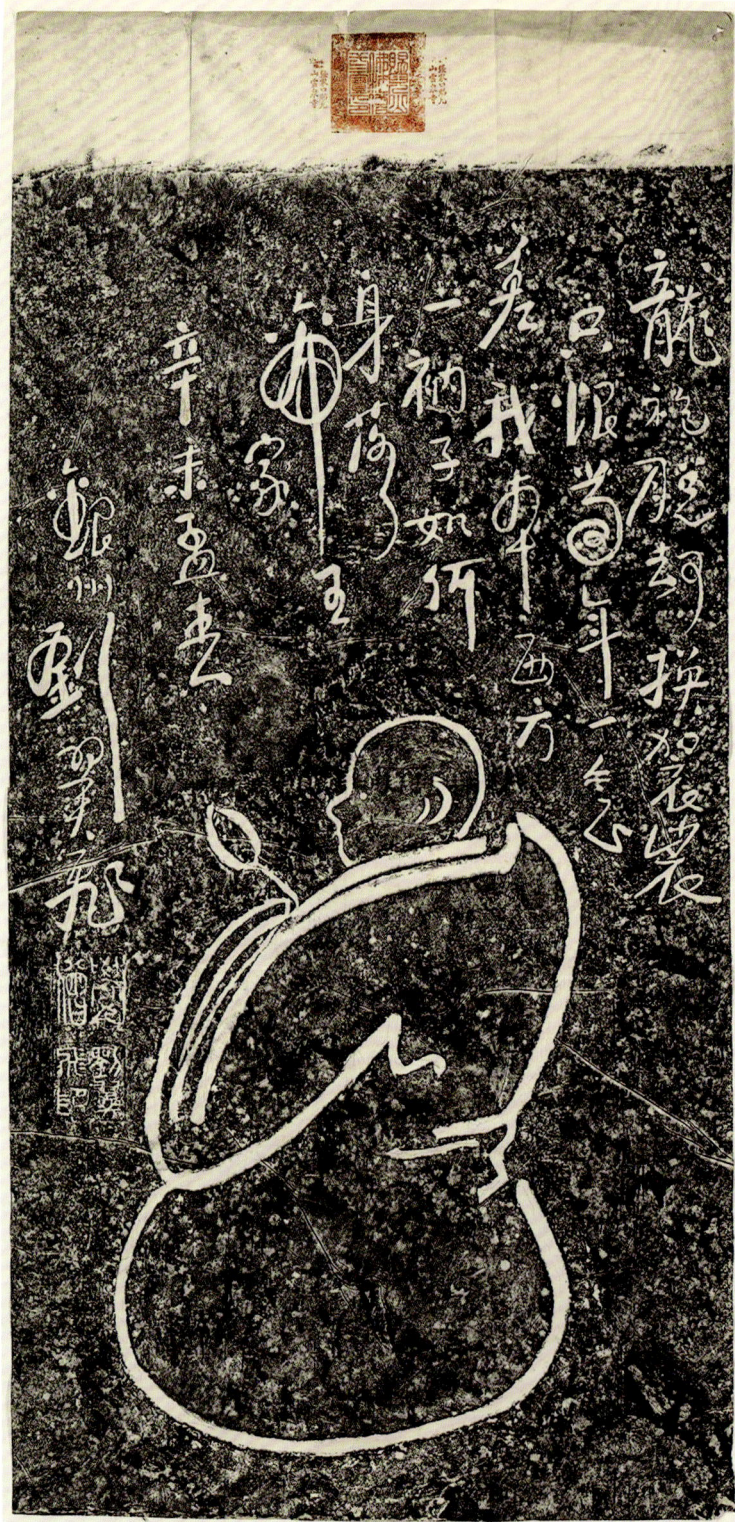

张家口赐儿山云泉寺拓片

质地：纸

尺寸：长238厘米，宽70厘米

碑上铭文："龙袍脱却换袈裟，只恨当年一念差；我本西方一衲子，如何身落帝王家？"

关圣帝君诗记拓片

质地：纸

尺寸：长110厘米，宽63厘米

湖北荆州关帝祠中关圣帝君诗纪碑的拓片，碑上有关帝诗竹，属于画中藏诗。碑上铭文："不谢东君意，丹青独立名。莫嫌孤叶淡，终久不凋零。"

關聖帝君詩記

畫中有詩　詩中有意

維公之標　楨立天地

不諒東君意　丹青獨立名

莫嫌孤葉淡　終久不彫零

弘治二年十月十八日揚州
封河復出塚銅印重二斤四
兩上天曰漢壽亭侯之印

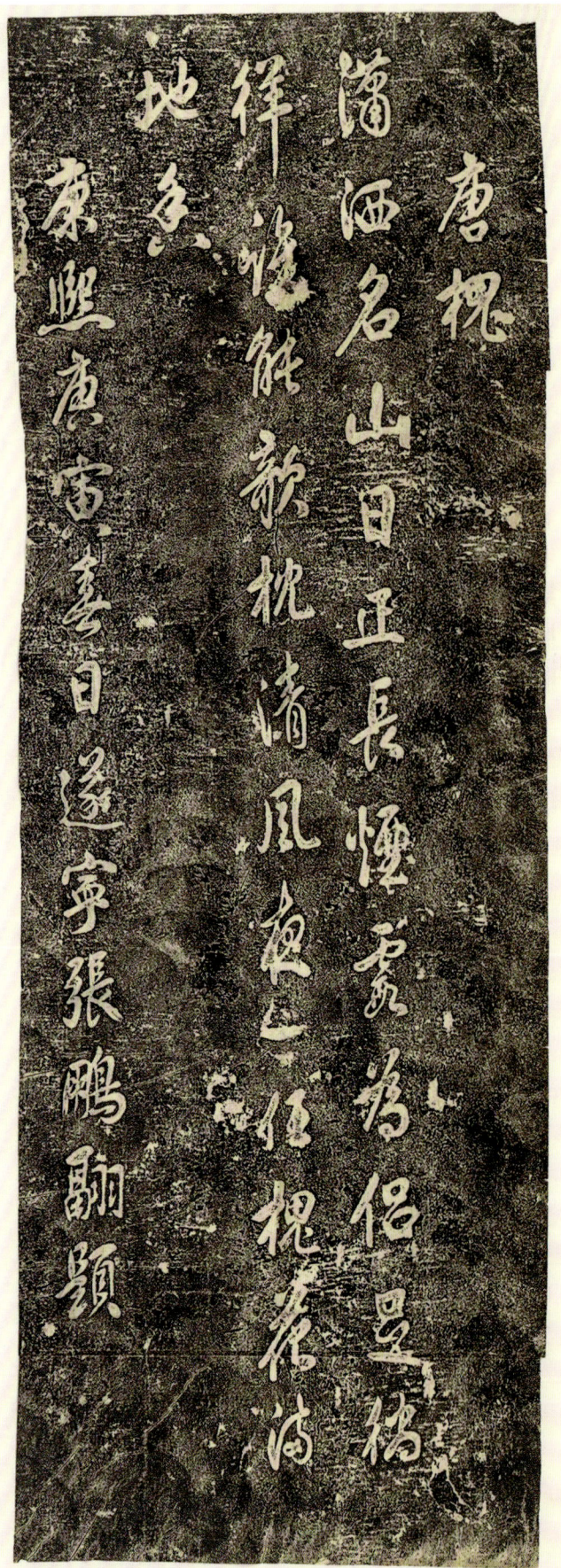

唐槐拓片

质地：纸

尺寸：长128厘米，宽47厘米

泰山古槐，树旁立二碑，其中一个是清代康熙年间张鹏翮树碑题诗赞誉古槐壮观可爱，诗曰："潇洒名山日正长，烟霞为侣足徜徉。谁能欹枕清风夜，一任槐花满地香。"

页码 173

大秦景教流行中国碑拓片

质地：纸

尺寸：长183.5厘米，宽87厘米

中国古称东罗马帝国为"大秦"。公元7世纪唐代初期，景教传入中国。此碑概述景教于贞观九年（635年）从波斯传入中国后的活动和基督教教义。是研究唐朝与罗马帝国宗教文化交流、中西交通史的重要资料。现藏于西安碑林博物馆。

大秦寺僧景净述拓片

质地：纸

尺寸：长71厘米，宽26.5厘米

碑文由景教僧景净撰写，景净，基督教聂斯托利派来中国的传教士，波斯人，曾参加佛经翻译工作。本件藏品为碑右侧上半部分拓片，刻有叙利亚文字的景教僧名及其教职。现藏于西安碑林博物馆。

景教流行中国碑颂并序拓片

质地：纸

尺寸：长178厘米，宽27厘米

　　本件藏品为碑左侧拓片，上半部分刻有叙利亚文字，下半部分记述文物历史。现藏于西安碑林博物馆。

后一千七十九年咸丰己未武林韩泰华来观韦字畫完整重造碑亭覆為惜故友吴子苾方伯不及同遊也為悵然久之

器物

北疆博物院收藏有大量历史文物及民族学、民俗学藏品。涵盖中国北方上至先秦下至民国各历史时期、各民族及各地民俗风情。由于历史原因，这些文物资料部分保存在天津博物馆等机构，少部分散轶。此章节器物主要来源于天津博物馆馆藏的北疆博物院旧藏。

在这里有很多宋代和元代的古董。我买了一些很有趣的东西：一只棕色釉的大瓶子、一只长颈瓶、一盏落地灯、盛刺柏酒的盅、一个小罐、一只白瓶子、一只漂亮的黑色大罐子，还有一只小的白瓶子。还有两盏铁铸的灯，许多铜钱，两面青铜镜，还有一些其他的小玩意。我还买了一些年代更久远的东西：一只钧瓷瓶（有可能是18世纪的），一个多臂的佛像。

——桑志华
1931年9月2日

我廉价买下了许多古玩。如果不是卖主把这些东西变成古董，这些古玩就组成了中国纯粹而有趣的艺术品。以此为由，古玩在北疆博物院的人类学收藏中拥有自己的位置。

古玩摆放井井有条：衣物、刺绣、金锦缎、陶瓷，铁、玉制品，等等。

在这些瓷器中，有宋朝的瓷器（18世纪前），也有汉朝（公历纪年的前一个世纪）和乾隆时（18世纪）的瓷器。

——桑志华
1932年3月28日

战国篦纹撇口灰陶罐

类别：陶器

年代：战国

质地：陶

尺寸：高18.6厘米，直径20.5厘米

　　出土于陕西榆林以南的油坊头。口较大，表面有绳纹。据鉴定时代为战国末期。其时手工业有了一定发展，但制作仍较粗糙。罐上部为篮纹，下部为绳纹，痕迹较整齐，为盛水用具。

战国篦纹撇口灰陶罐

类别：陶器

年代：战国

质地：陶

尺寸：高25厘米，直径23厘米

　　出土于陕西榆林以南的油坊头，于1923年发掘。是战国时期的打水用具。撇口，腹部有篦纹，纹痕较深，平底无纹。

战国素面灰陶盒

类别：陶器

年代：战国

质地：陶

尺寸：高16.3厘米，直径26.9厘米

　　出土地点不明待考。此类器物为盛食用具，也有作为陪葬品的用途。

汉弦纹撇口灰陶钵

类别：陶器

年代：汉

质地：陶

尺寸：高9厘米，直径19.4厘米

　　出土于陕西榆林以南的油坊头。是汉代陶器，食器。其形状为撇口，钵壁有弦纹，上部宽，下部较窄，平底无纹。

汉三足灰陶罐

类别：陶器

年代：汉

质地：陶

尺寸：高11.6厘米，直径13.5厘米

　　为汉代陶器，系烧煮食物的工具。其形状为直口，下部有粗糙的划纹，三足，使用陶土捏制而成。

汉绳纹撇口圆底灰陶壶

类别：陶器

年代：战国

质地：陶

尺寸：高30.5厘米，直径27.5厘米

　　为汉代初叶殉葬品。其形状为撇口，颈部有弦纹，壁有少部细致的绳纹，大部饰细篮纹，圆底。

汉白色彩绘撇口灰陶壶

类别：陶器

年代：汉

质地：陶

尺寸：高15.7厘米，直径9.2厘米

　　出土于陕西靖边西部的小桥畔，为汉代陶器，系陪葬物。其形状为短颈撇口，外壁饰白边彩绘花纹，平底。

汉篮纹撇口灰陶壶

类别：陶器

年代：汉

质地：陶

尺寸：高25.9厘米，直径21厘米

　　出土于河北献县汉代墓葬，系陪葬品。其形状为撇口、圆底，灰陶质地。壶下部饰有篮纹。

汉撇口灰陶壶

类别：陶器

年代：汉

质地：陶

尺寸：高28厘米，直径20.6厘米

    为汉代陶器，储粮用具。其形状为撇口，壶壁无纹，平底无纹。

汉绳纹敛口灰陶壶

类别：陶器

年代：汉

质地：陶

尺寸：高22.6厘米，直径16.3厘米

    出土于陕西北部榆林以南的油坊头，为汉代西北部的少数民族器物，系提水用具。其形似葫芦，上口向内收敛，壶身上狭下宽，腹部有不规则的绳纹，平底无纹。

汉弦纹兽面三足灰陶仓

类别：陶器

年代：汉

质地：陶

尺寸：高22.8厘米，宽14.5厘米，直径14厘米，
厚1.5厘米

　　此器为汉代的陶仓，此陶仓应为汉墓中的陪葬
品。小口，肩圆，器身有九条弦纹，下方有一小
长方口，以便粮食从其口流出。有三足，足上有兽
面纹。

汉灰陶灶

类别：陶器

年代：汉

质地：陶

尺寸：高6厘米，宽16.4厘米

　　出土于陕西榆林以南的油坊头，为汉墓中的陪
葬品。其形状为四方形，有一长方形的灶门，以便
放进柴火，灶上有三个灶眼，一大二小，灶右角有
一孔。通身素面无纹。

汉灰陶锅

类别：陶器

年代：汉

质地：陶

尺寸：高4厘米，直径7厘米

　　为汉代器物。其形状为上口大、底部尖、表面无纹。陶锅是陶灶的附属品，均为陪葬品。

汉灰陶甑

类别：陶器

年代：汉

质地：陶

尺寸：高3.8厘米，直径7厘米

　　外形类似陶锅中间有三孔，外表面光滑无纹。甑是当时蒸食物用的工具，以后有人做成明器，它也是陶灶附属部分的一种。

汉素面灰陶钫

类别：陶器

年代：汉

质地：陶

尺寸：高27.5厘米，直径16.3厘米

出土于民国时期绥远省归绥县的鄂尔多斯东南硬地梁河，是汉代的陪葬品，系当时盛粮食的工具。其形状为长方形，两端狭，中间宽大。

汉双耳三足灰陶器

类别：陶器

年代：汉

质地：陶

尺寸：高9.3厘米，直径20厘米

此器物为素灰陶质地，双耳，腹部有一周凸棱，平底无纹。有三足，足在壁下部与器底平，腹之下部似刀削痕迹，然后烧制。三足器本是作为煮食物的实用器，此器后期渐渐退化，只作陪葬品之用。

汉博山炉灰陶盖

类别：陶器

年代：汉

质地：陶

尺寸：高14厘米，直径22厘米

　　此盖为汉代博山炉盖，圆塔形，有花纹，有螺纹。汉代博山在今山东博山东南，鲁山之西，其南又有博南山。另说博山为旧县名，汉置，哀帝封孔光为博山侯，在今河南淅川县东。博山炉为此地之名产。

汉双耳壶

类别：陶器

年代：汉

质地：陶

尺寸：高26.5厘米，直径27.5厘米

　　出土于青海巴彦喀拉山，为汉代西南少数民族的活动地带。此壶和壶中柴灰和骨骼也是少数民族的遗迹、遗物。其色呈灰白，其形状为撇口，双耳，平底，底部有印纹。它是陪葬品，壶中尚存柴灰和骨骼。

汉灰陶碟

类别：陶器

年代：汉

质地：陶

尺寸：高4厘米，直径14厘米

　　出土地不明，待考。据初步鉴定，其为汉代的器物。作桃形。

汉灰陶仓

类别：陶器

年代：汉

质地：陶

尺寸：高18.2厘米，直径13.8厘米

　　出土于陕西靖边的小桥畔，为汉代的器物。上面像一个仓顶，顶上有口，顶下为仓壁。器表素面无纹，平底无纹。它是汉代的陪葬品，以表示器主人在阴府也囤粮。

唐撇口双耳彩釉陶罐

类别：陶器

年代：唐

质地：陶

重量：0.505千克

　　出土于河北献县，为唐代彩陶食器，制作精细。其形状为撇口，肩部有双耳，耳为绳纹形，黄釉，平底无纹。

明单耳灰陶灯碗

类别：陶器

年代：明

质地：陶

尺寸：高6厘米，直径7.5厘米

　　出土于陕西靖边西部（鄂尔多斯南部）的小桥畔。为明清时西北地区游牧民族所用的油灯碗。

唐黄釉武士俑

类别：釉陶器

年代：唐

质地：陶

重量：3.205千克

　　此俑为唐墓中的陪葬品。直立，全身着铠甲，两手半握拳，应为握刀、枪护卫着的姿态。俑内部中空。

宋白瓷碟

类别：瓷器

年代：宋

质地：瓷

重量：0.205 千克

　　为宋代瓷器，食器。色白，光彩，耐用，在当时为珍品，畅行于全国。

宋白瓷舞人

类别：瓷器

年代：宋

质地：瓷

重量：0.045 千克

　　为宋代瓷器。制作精巧，由此可看出当时手工艺之发达。

战国兽面雷纹三十六乳编钟

类别：铜器

年代：周

质地：铜

  编钟最早用于宫廷演奏及祭祀活动。

汉素匜

类别：铜器

年代：汉

质地：铜

尺寸：口径27厘米

匜，先秦时代青铜礼器之一，是当时贵族举行礼仪活动时浇水的用具。

明油灯碗

类别：铜器

年代：明

质地：铜

尺寸：口径11厘米

碗内置棉线或布料等能够很好吸收液体的灯芯，倒入灯油，用于照明。

明狻猊蒸炉

类别：铜器

年代：明

质地：铜

　　狻猊是中国古代神兽，形如狮，喜烟好坐，所以形象一般出现在香炉上，吞烟吐雾。

唐海马葡萄镜

类别：铜器

年代：唐

质地：铜

尺寸：直径16.5厘米

　　唐代典型铜镜，海马葡萄镜也称"海兽葡萄镜""瑞兽葡萄镜"，主要装饰为葡萄纹，用圆圈将镜子分为内外区，内区为主纹饰区，饰海兽，兽纽。

金海水浴日浮驼镜

类别：铜器

年代：金

质地：铜

尺寸：直径17厘米

　　神兽镜，圆纽，浮雕手法，纹样隆起突出。

宋弦纹勾连镜

类别：铜器

年代：宋

质地：铜

尺寸：口径14.4厘米

　　圆纽，中间弦纹勾连环绕。弦纹是古代器物上最简单的传统装饰纹样。

宋四兽纹镜

类别：铜器

年代：宋

质地：铜

尺寸：口径13.6厘米

　　圆纽，内圈为四跑兽，形态生动，外圈刻有铭文。

宋八乳规矩镜

类别：铜器

年代：宋

质地：铜

尺寸：直径13厘米

　　圆纽，圆纽座，纽座外环绕8个乳突，间以规矩纹。

明云龙纹镜

类别：铜器

年代：明

质地：铜

尺寸：10厘米

　　菱花形铜镜，半圆纽，镜纽厚大十分突出，主题纹饰为龙纹。

明仙人八宝镜

类别：铜器

年代：明

质地：铜

尺寸：直径10.5厘米

　　银锭纽，神仙人物故事纹，包含了仙阁、仙鹤、铜钱、仙子、香炉、宝瓶、犀牛角等，代表吉祥如意、平安长寿。

明龟鹤齐寿镜

类别：铜器

年代：明

质地：铜

　　有柄镜，镜铭为齐寿。

明象牙笏板

类别：牙骨角器

年代：明

质地：骨角牙

尺寸：长50厘米，宽8.6厘米

笏是大臣朝见天子时所执的狭长板子，由玉石、象牙、竹木等制成，用以指画和记事。此件笏板为象牙质地，应是桑志华在北方科考途中，从民间收集所得。

清黄宁绸云头镶边坎

类别：织绣

年代：清

质地：丝

尺寸：长69.5厘米，宽71.1厘米

　　清代女性服饰中的一种无袖服装，又称背心、马甲、紧身。此件坎肩圆立领，右衽，大襟，无袖。以黄宁绸为面料，蓝色绸缎为镶边，并做大型云头如意状装饰，精致美观。

清白罗女长衫

类别：织绣

年代：清

质地：丝

尺寸：通长108.5厘米，下摆宽45.5厘米

　　白罗长衫是清代女性服饰中的一种。此件长衫圆领，右衽，大襟，短袖。以罗为面料，黑色绸缎为镶边。质地轻薄、通风透气。

清白春绸腰围子

类别：织绣

年代：清

质地：丝

尺寸：长144厘米，宽60厘米

可以用来束腰，大部分时候是腰带的一物多用。此件质地为春绸，是天气稍冷的时候穿戴的丝织物。

清绣花红底镜套

类别：织绣

年代：清

质地：丝

尺寸：长24.8厘米，宽17.5厘米

　　整体为椭圆形，红色底布上中间刺绣花鸟，周围点缀花边，整体刺绣针脚细密，配色和谐，布局舒展，是近代典型常见的镜套形态，美观且实用。

清白料顶珠

类别：玻璃器

年代：清

质地：玻璃、铜

尺寸：通高17.5厘米

　　清朝官吏在帽顶正中的饰物，下有金属小座，座上面按一个核桃大小的圆珠，珠的颜色和质料表示一定等级。此件顶珠材质为白色砗磲，是清代六品官员所使用的顶珠。

清犀牛尾红帽缨

类别：其他

年代：清

质地：毛、丝

尺寸：长30厘米

　　清朝官吏点缀在官帽上的红缨，质地的不同在一定程度上也体现出官职大小。

清蟠螭纹白玉翎管

类别：玉石器、宝石

年代：清

质地：宝玉石

尺寸：长7.8厘米，直径1.6厘米

　　为清朝官帽顶珠下的翎管，白玉质地，用以安插翎翅。

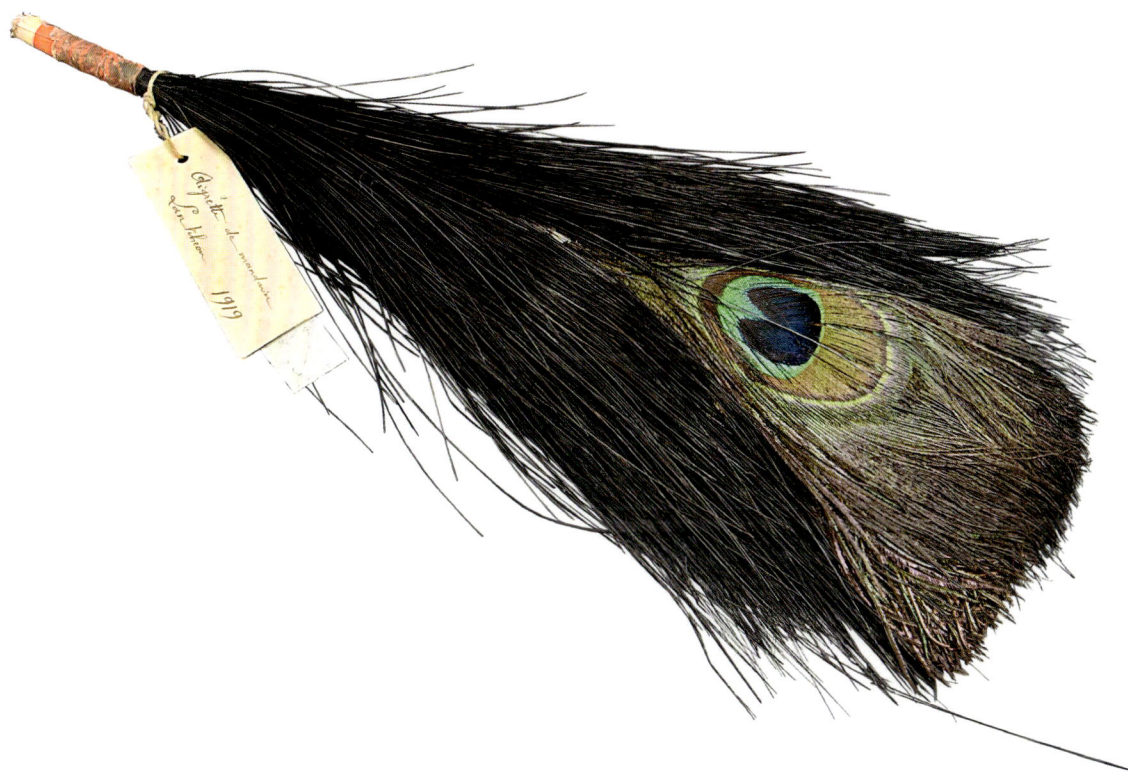

清单眼孔雀花翎

类别：其他

年代：清

质地：毛、丝

尺寸：长 34.5 厘米

　　清代官帽上的翎翅分蓝翎和花翎两种，花翎为孔雀羽所做，是一种辨等威、昭秩序的标志。

清朱漆描金楼台人物拜匣

类别：漆器

年代：清

质地：皮革

　　拜匣是盛装拜帖的盒子，是当时人们见客前呈送的身份名帖，和现代名片作用相同，明清时期盛行。春釐，是书信用语，意为吉祥。

清猪皮火药葫芦

类别：其他

年代：清

质地：皮革

    清代装火药的皮葫芦，配合火药枪使用。

清等子

类别： 度量衡器

年代： 清

质地： 铜、木

　　此形制器物为称量工具，俗称"等子"，是一种专用于测定金银等贵重物品、药品等重量的小型秤。最大单位是两，小到分或厘，等子都放置在一个精美的盒子里。

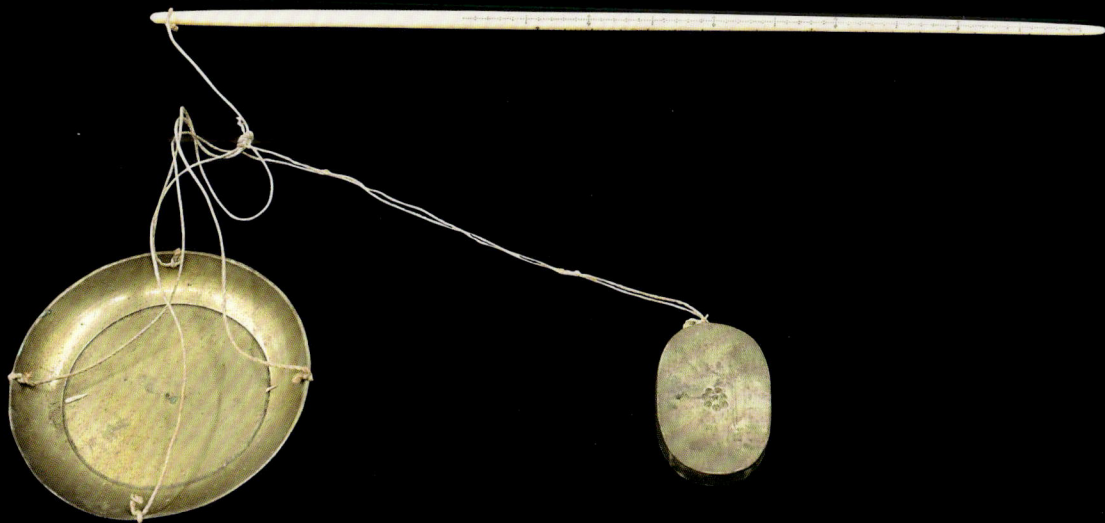

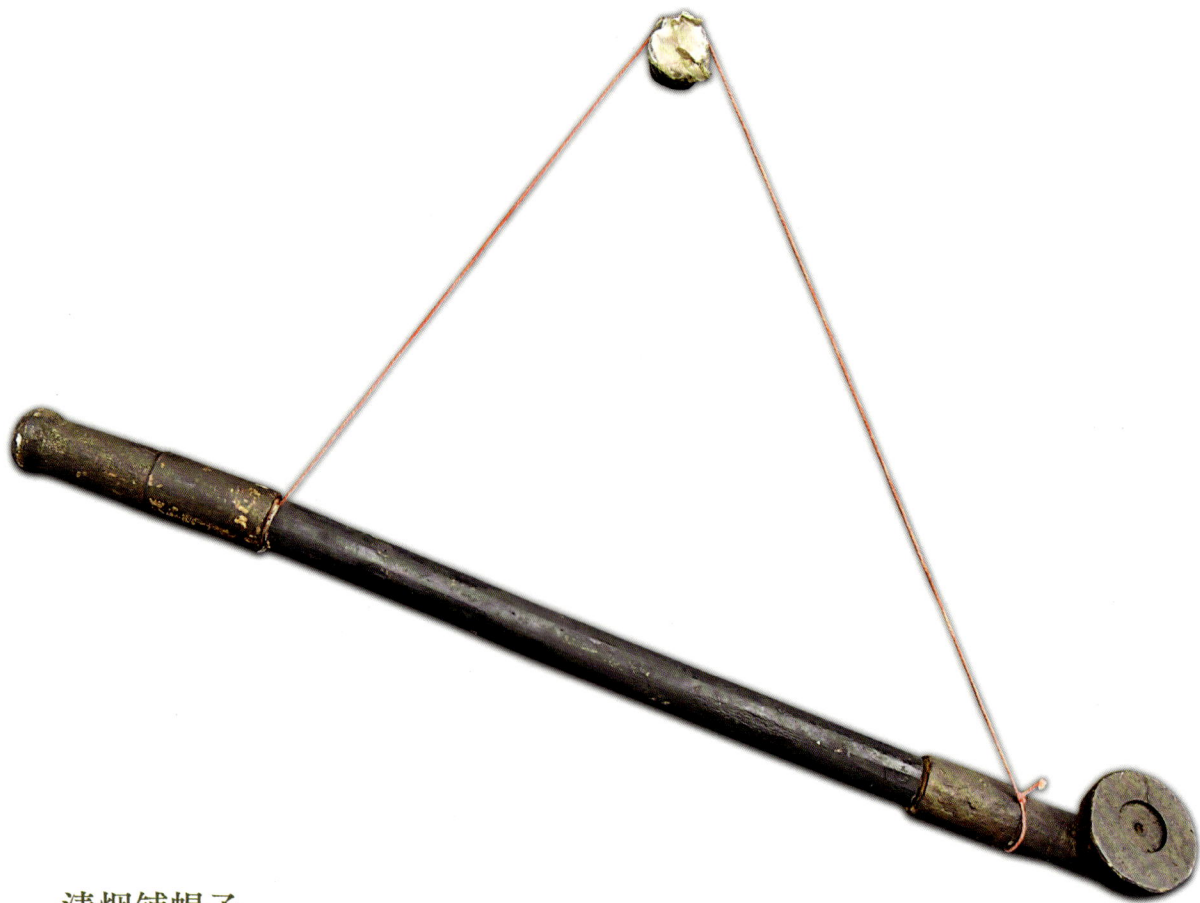

清烟铺幌子

类别：宣传品

年代：清

质地：木

　　自清代以来，幌子就已普遍使用，是商铺常用的一种招牌，将商品做成直观的招牌，容易进入人们的视线，非常方便。对于一些不识字的普通民众也是不可或缺的标志。

　　因烟铺商品实物太小，悬挂实物无法引人注意，烟铺便悬挂与实物形象一致的大模型做幌子，是一种原始的商业标志。

民国钱铺幌子

类别：宣传品

年代：民国

质地：木

　　此件是民国时期钱铺的幌子。钱铺也称钱店，主要进行铜币或银子的兑换业务。

回族饭店幌子

类别：宣传品

年代：民国

质地：木

　　民国时期回族清真饭店的幌子，以文字牌匾为幌子，明示了经营范围。

民国靴子幌子

类别：宣传品

年代：民国

质地：木

　　民国时期鞋店的幌子，绘画幌是用图画直观表示所经营的商品和项目，这家鞋店在幌子上绘画出靴子和鞋用以招揽顾客。

民国药铺幌子

类别：宣传品

年代：民国

质地：木

　　民国时期药店堂铺用的膏药模型招幌，是常见招幌形态之一，一般悬挂一串有两贴或三贴膏药模型，其上下两端各为半贴对应，末端以坠鱼或葫芦为幌坠。鱼谐音"愈"，有服药而病愈的含义，也有昼夜都要为病人购药提供服务的含义，因为鱼无论白天或者夜晚都不闭眼睛。

民国儿科药铺幌子

类别：宣传品

年代：民国

质地：木

　　儿科中医药铺的幌子，和普通药店幌子不同，中间悬挂一小孩雕像，意指儿科。

民国银质佩饰 1

类别：金银器

年代：民国

尺寸：长 52 厘米

　　锁片为"状元郎"，坠饰物为印章有"封侯"
字样，寄语将来状元及第、科举顺利、获得官职的
美好愿望。

民国银质佩饰 2

类别：金银器

年代：清

尺寸：长44.5厘米

　　锁片上的文字为百家姓和"五子""三元"，有着"五子登科""三元及第"的吉祥寓意。寄托了读书人家期望子弟能够获得科考成功的美好愿望。

民国银质佩饰 3

类别：金银器

年代：民国

质地：银

尺寸：长63厘米

　　饰有喜鹊和莲花，寓意喜莲登科，祈求可以获
取功名，前程似锦。

民国银质佩饰 4

类别：金银器

年代：民国

质地：银

尺寸：长50厘米

　　压胜钱上有瑞兽，寓意化除时间邪气，保护平平安安。

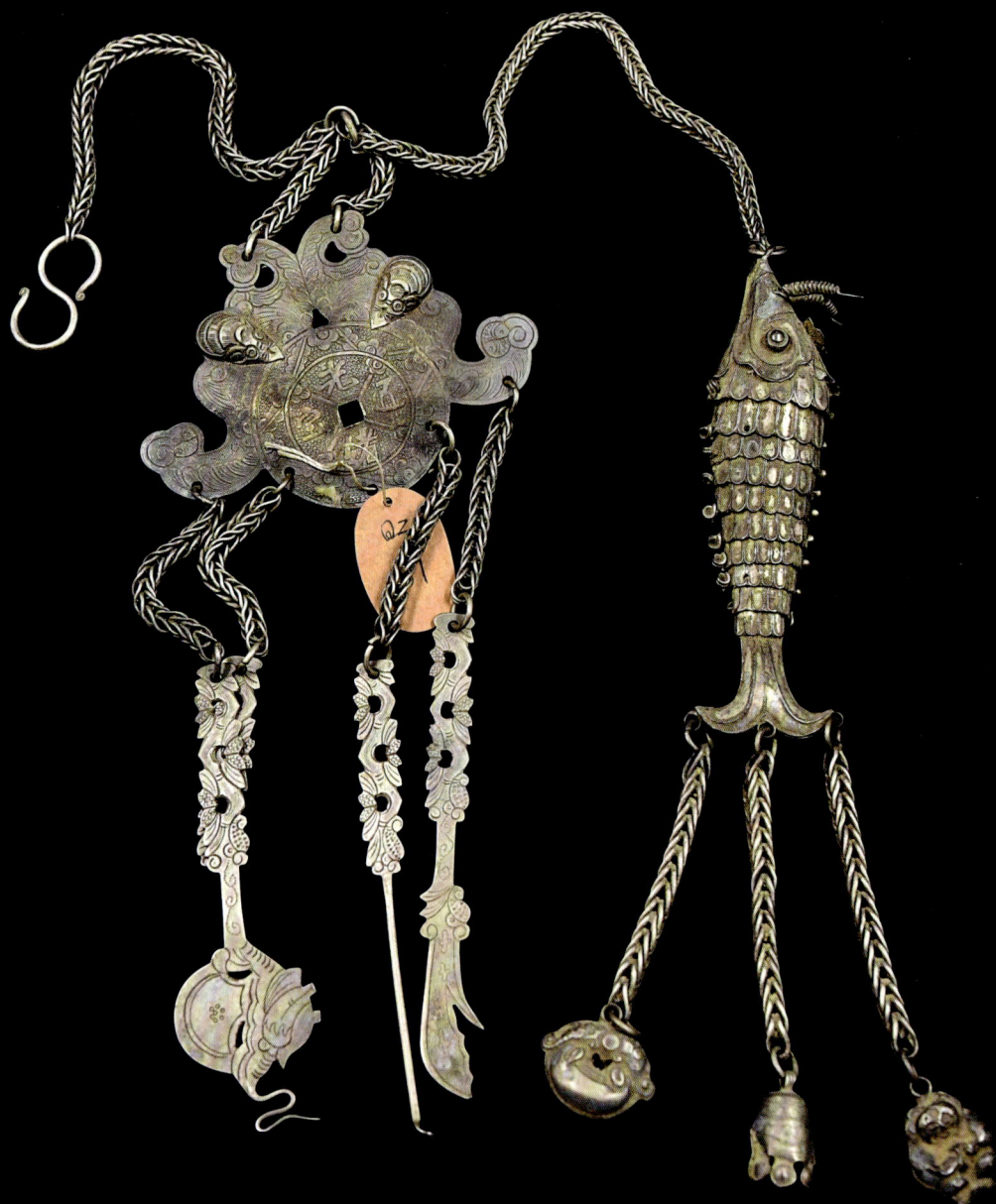

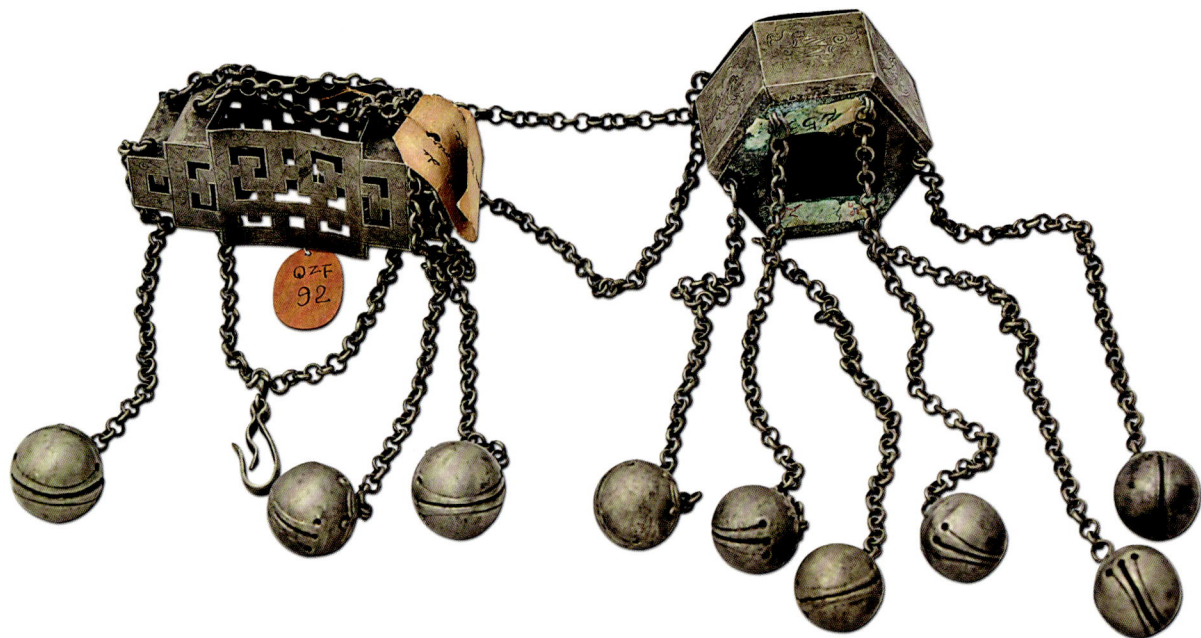

民国银质佩饰 5

类别：金银器

年代：民国

质地：银

尺寸：长 53 厘米

挂饰为镂空的吉祥花纹，坠饰物为铃铛。

民国银质佩饰 6

类别：金银器

年代：民国

质地：银

尺寸：长 52 厘米

挂饰为喜字，坠饰为金鱼、蝙蝠、铃铛、耳挖。

民国银质佩饰 7

类别：金银器
年代：民国
质地：银、宝玉石
尺寸：长93厘米

　　此配饰有蝙蝠形的锁片，又镶嵌了圆形的玉饰物。玉饰下面坠有牙签、耳挖。

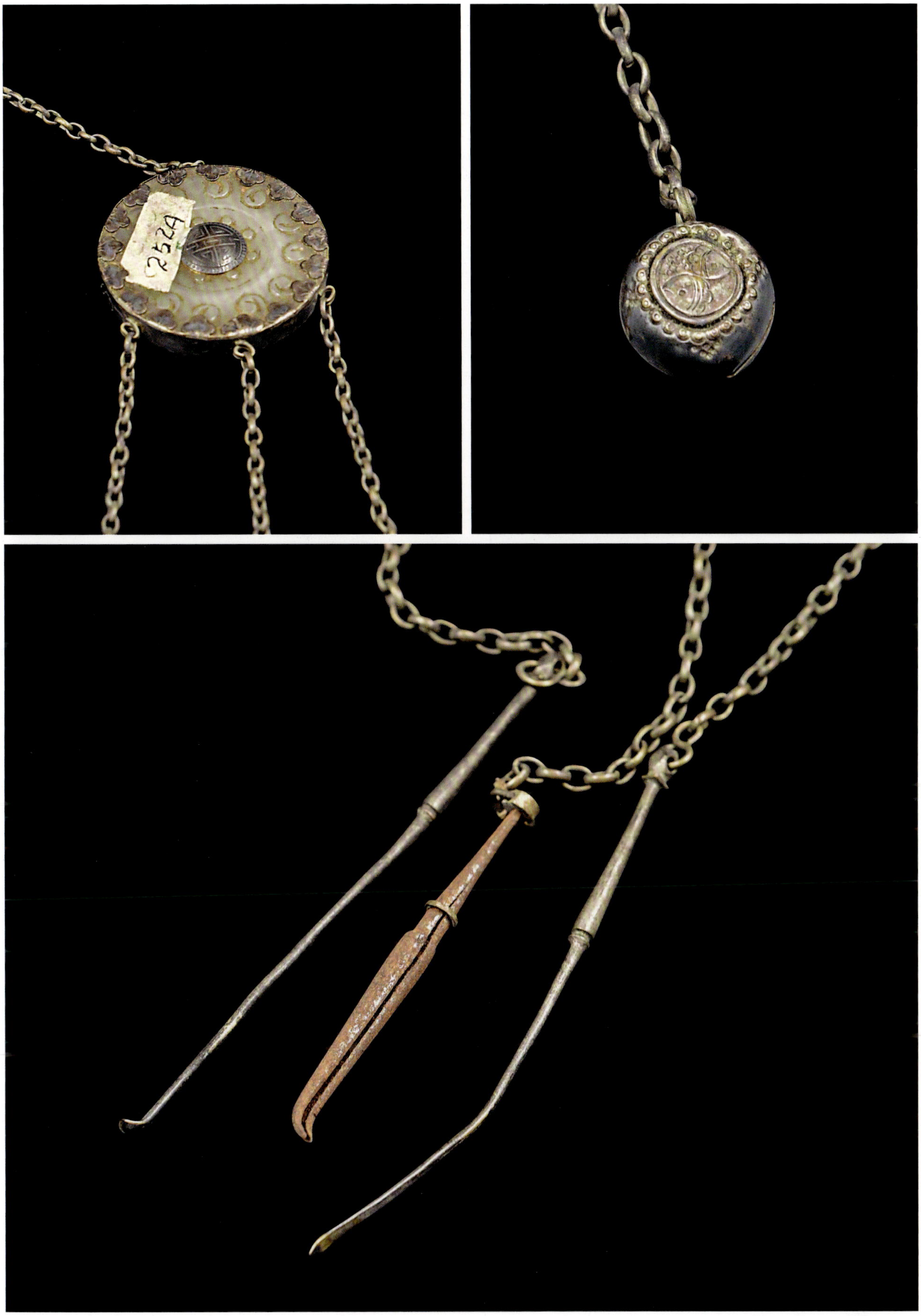

后记

　　桑志华收藏的人文藏品在北疆博物院整个收藏体系中虽然不占主导，但却是非常重要的一类。桑志华主要是从研究中国北方民族学和民俗学的视角来进行的收藏，体现了一个西方学者对中国充满着强烈的好奇心和浓厚的研究兴趣。时隔百年，这批蕴含着丰富而重要历史价值、艺术价值和研究价值的人文藏品，已经成为研究中国北方历史人文的重要史料，也是 20 世纪初中西文明交流交融的重要历史见证。

　　本书是天津自然博物馆对北疆博物院人文藏品首次挖掘、梳理和研究的成果。感谢所有编辑团队的成员，一年多来，大家分工协作、并肩作战，直面挑战，克服学科跨界的困难，一起完成了这部书稿。

　　本书的出版虽具有开创性，但仍属于粗浅的尝试。随着整理和研究的深入，相信不久的将来，天津自然博物馆一定会有更多的更深入的研究成果出版，以飨读者！路漫漫其修远兮，吾将上下而求索……

张彩欣

2024 年 5 月